P. Manikandan
A. Elayaperumal
R. Franklin Issac

Comportamentos de desgaste e corrosão de compósitos Al/MWCNT por metalurgia do pó

P. Manikandan
A. Elayaperumal
R. Franklin Issac

Comportamentos de desgaste e corrosão de compósitos Al/MWCNT por metalurgia do pó

para rolamentos ligeiros

ScienciaScripts

Cover image: www.ingimage.com

This book is a translation from the original published under ISBN 978-620-7-48776-9.

Publisher:
Sciencia Scripts
is a trademark of
Dodo Books Indian Ocean Ltd. and OmniScriptum S.R.L publishing group

120 High Road, East Finchley, London, N2 9ED, United Kingdom
Str. Armeneasca 28/1, office 1, Chisinau MD-2012, Republic of Moldova, Europe
Printed at: see last page
ISBN: 978-620-8-16529-1

Conteúdo

PREFÁCIO

Este livro aborda a influência do reforço de baixa densidade nos compósitos de matriz metálica de alumínio (AMMC), que pode ser uma solução para os modelos de design leves. O reforço de baixa densidade mais comummente preferido para os AMMC são os nano tubos de carbono (CNT), que são utilizados principalmente em aplicações estruturais e de colectores de óleo. Este AMMC pode também ser utilizado em aplicações tribológicas. De acordo com a investigação anterior, observou-se que as técnicas simples e eficazes para o fabrico de AMMC através da rota da metalurgia do pó são o processo de liga mecânica (MA) e o processo de sinterização por plasma de faísca (SPS). Muitos investigadores referiram que os factores e parâmetros de processamento dos processos MA e SPS influenciam os comportamentos mecânicos, tribológicos e de corrosão dos compósitos Al/CNT. Os métodos de sinterização e a sua gama de temperaturas podem afetar as propriedades mecânicas e tribológicas dos AMMCs. Por conseguinte, é necessário identificar a melhor condição de processo/método de fabrico para obter um compósito Al/CNT com melhor desempenho. O método de fabrico é uma configuração de diferentes factores de influência. Por isso, é importante estudar cada fator e o seu nível de influência nas respostas. Os factores que influenciam os processos MA e SPS são o reforço (MWCNT), os parâmetros de moagem (tempo de moagem, velocidade de moagem e relação bola-pó) e as condições de sinterização (pressão de sinterização e temperatura de sinterização) nos comportamentos mecânico, tribológico e de corrosão dos compósitos Al/CNT. Este estudo revela que a estrutura da partícula nos compósitos de alumínio reforçados com MWCNT MAed e SPSed é afetada pelos parâmetros de moagem, o que confirma o impacto dos parâmetros de moagem a nível micro.

Estou em dívida para com o **Prof. Dr. A. Elayaperumal**, Chefe, Divisão de Design de Engenharia, Departamento de Engenharia Mecânica, Faculdade de Engenharia, Guindy, Universidade de Anna, Chennai e Diretor, Centro de Afiliação de Instituições, Universidade de Anna, Chennai, **Prof. Dr. M. Kamaraj**, Departamento de Engenharia Metalúrgica e de Materiais, Instituto Indiano de Tecnologia, IIT, Chennai, **Prof. Dr. P. V. Mohanram**, Diretor, PSG Institute of Technology and Applied Research, Coimbatore, **Dr. G. Padmanabham** (já falecido), Antigo Diretor, International Advanced Research Centre for Powder Metallurgy and New Materials, ARCI, Hyderabad e **Dr. R. Vijay**, Scientist-G & Head, Centre for Nanomaterials, International Advanced Research Centre for Powder Metallurgy and New Materials, ARCI, Hyderabad, para a preparação bem sucedida deste livro.

CAPÍTULO 1

INTRODUÇÃO

Este capítulo apresenta uma breve introdução sobre os compósitos de matriz metálica (MMC) à base de alumínio (Al) e as propriedades necessárias dos compósitos de Al para as várias aplicações de engenharia.

1.1 TRIBOLOGIA

Muitas falhas dos metais ocorrem mais devido a problemas tribológicos do que a problemas mecânicos, como a fratura, a deformação plástica e a fadiga. A interação entre o atrito, o desgaste e a lubrificação e a parte de intersecção é considerada como o conceito multidisciplinar de tribologia. Assim, para qualquer estudo de tribologia, é necessário considerar a análise dos seus mecanismos de fricção, desgaste e lubrificação.

1.1.1 FRICÇÃO

O atrito é definido como a força exercida contra o movimento de um objeto sólido que se desloca sobre a superfície de outro objeto (Bhushan 1999 e Singer 1992). Os factores que influenciam o atrito são,

i. A natureza dos materiais em contacto e os seus revestimentos de superfície,
ii. A extensão da área de superfície,
iii. A carga normal e
iv. O período de tempo em que as superfícies permaneceram em contacto.

A caraterística do atrito estático e cinético é definida na lei do atrito de Coulomb,

Primeira lei: O atrito é independente da carga normal.

Segunda lei: A força de atrito é independente da área aparente de contacto entre as superfícies de contacto.

Terceira lei: A força de atrito cinético é independente da velocidade de deslizamento, uma vez iniciado o movimento.

1.1.1.1 Teorias do atrito

Teoria da adesão: A adesão é um fenómeno de interação de superfícies e é a capacidade de corpos em contacto resistirem a forças de tração depois de serem pressionados em conjunto. Uma junção adesiva forte (Figura 1.1) forma-se quando duas superfícies limpas e precisas são pressionadas uma contra a outra. Não há inter-difusão ou recristalização de átomos metálicos na junção, como acontece em condições de frio, e a condição que predomina na interface da junção é como a "soldadura a frio".

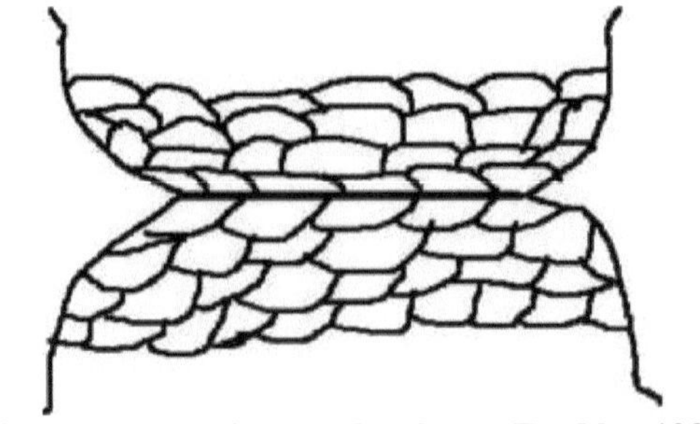

Figura 1.1 Uma junção de adesão (Buckley 1981)

Teoria do encravamento de asperezas: Nas superfícies de engenharia, é praticamente difícil obter uma superfície perfeitamente lisa e plana. Esta apresenta asperezas e ondulações. Quando duas superfícies são colocadas em contacto, tocam-se apenas em pontos discretos chamados asperezas.

A carga aplicada é suportada pela deformação das asperezas em contacto. Durante o contacto por deslizamento, as deformações plásticas das asperezas mais macias ocorrem devido à aplicação de força e conduzem à resistência por atrito (Figura 1.2).

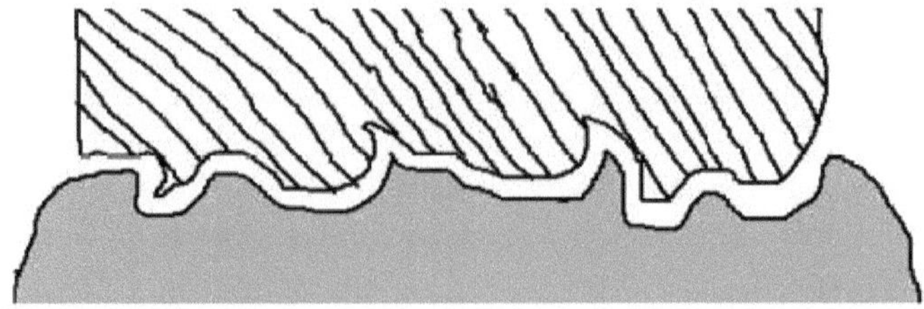

Figura 1.2 Superfícies de encaixe Asperity (Bowden e Tabor 1973)

No entanto, esta teoria não é muito bem reconhecida, uma vez que se observa que o ii aumenta quando a superfície se torna muito lisa, mas de acordo com a teoria do encravamento das asperezas, o ii deveria diminuir, uma vez que as montanhas e os vales seriam muito pequenos e necessitariam de uma força muito pequena para a sua deformação plástica. Esta teoria é mais uma vez contrária ao pressuposto. Para uma superfície muito lisa, a área de contacto real torna-se maior (igual à área aparente) e, consequentemente, o coeficiente de atrito aumenta (Figura 1.3).

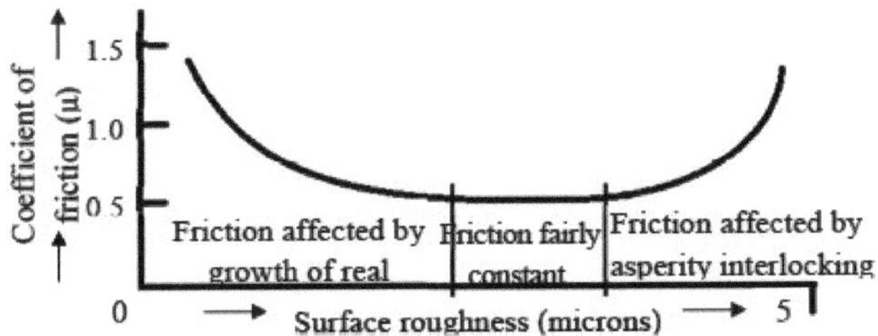

Atrito afetado pelo crescimento do real Atrito relativamente constante
Atrito afetado pelo encravamento de asperezas
Rugosidade da superfície (microns)

Figura 1.3 Efeito da rugosidade da superfície no coeficiente de atrito (Bowden e Tabor 1950)

Teoria da atração molecular: A origem desta teoria é a irreversibilidade parcial da força de ligação entre os átomos. Esta atração molecular funciona a curtas distâncias e, por isso, distingue entre a área de contacto real e a área de contacto aparente. No entanto, esta teoria pode talvez ser considerada como tendo um certo alcance como a "teoria da adesão".

Teoria da aderência-deslizamento: Esta teoria pode também ser considerada como uma descrição alternativa da teoria da adesão. O pressuposto é que uma superfície assenta sobre outra em junções, como se mostra na Figura 1.4. Assim que uma superfície começa a deslizar sobre outra, ocorre um aumento de temperatura nestas junções; isto resulta numa soldadura local no ponto de contacto (junção). Por conseguinte, isto conduz a uma resistência ao movimento, ou seja, ao atrito. O deslizamento ocorre devido à força aplicada, pelo rompimento dessas soldas. Após este deslizamento, ocorre uma soldadura local num outro conjunto de junções, que são novamente rasgadas para permitir o deslizamento, continuando assim a aderência e o deslizamento (deslizamento).

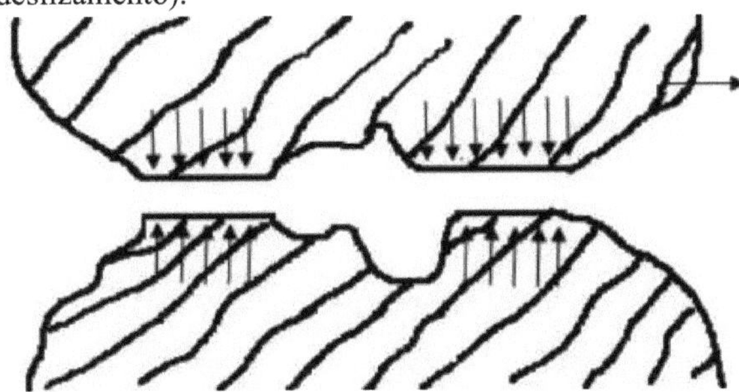

Figura 1.4 Uma junção de dois adesivos (Bowden e Tabor 1950)

1.1.2 VESTIR

Em qualquer sistema tribológico, quando duas superfícies sólidas estão em contacto, ocorrem danos na superfície e/ou subsuperfície. O desgaste é a erosão ou o deslocamento lateral do material da sua posição original numa superfície sólida, realizado pela ação de outra superfície.

O desgaste está relacionado com as interações entre superfícies e, mais precisamente, com a remoção e a deformação de um material numa superfície em resultado da ação mecânica da superfície oposta (Rabinowicz 1995).

O desgaste também pode ser definido como um processo em que a interação entre duas superfícies ou faces delimitadoras de sólidos no ambiente de trabalho resulta na perda dimensional de um sólido, com ou sem qualquer dissociação real e perda de material. Os aspectos do ambiente de trabalho que afectam o desgaste incluem não só cargas e caraterísticas como o deslizamento unidirecional, o movimento alternativo, o rolamento, as cargas de impacto, a velocidade e a temperatura.

1.1.2.1 Tipos de desgaste

Desgaste adesivo: O desgaste adesivo é devido à forte força adesiva; e a disposição é quando os átomos entram em contacto próximo, como se mostra na Figura 1.5. No decurso do deslizamento, uma pequena porção de uma das superfícies entra em contacto com uma pequena porção da outra superfície e, se esta ligação for forte, o contacto é quebrado, não a partir da interface das duas porções, mas a partir do interior de um dos materiais (Buckley 1981). A Figura 1.5 mostra que a junção se rompe não a partir do caminho 1, mas a partir do caminho 2. Isto acontece quando a força necessária para romper a interface do material (caminho 1) é maior do que a força necessária para romper alguma superfície contínua dentro de um dos materiais (caminho 2).

A taxa de desgaste adesivo é bastante independente da rugosidade da superfície. O desgaste adesivo pode ocorrer tanto em superfícies rugosas como lisas, uma vez que a formação de junções adesivas depende mais da limpeza das duas superfícies. Também se observa que a taxa de desgaste diminui com o aumento da relação entre a dureza dos dois materiais.

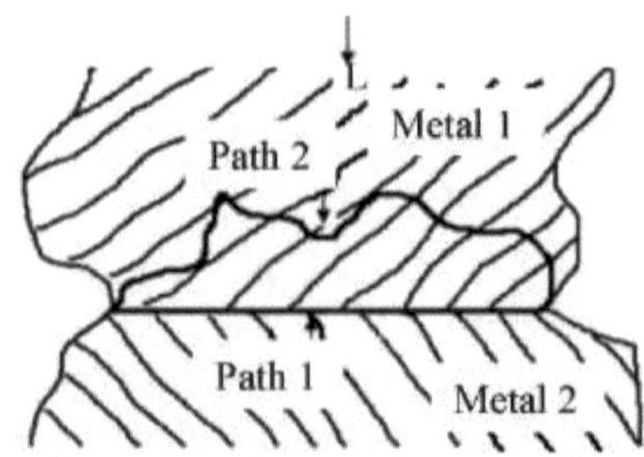

Figura 1.5 Desgaste adesivo de uma junção (Buckley 1981)

Acredita-se que o volume da perda de massa por desgaste seja regido pelas seguintes leis;

i. O volume da perda de massa por desgaste é diretamente proporcional à carga aplicada.

ii. O volume da perda de massa por desgaste é diretamente proporcional à distância de deslizamento.

iii. O volume da perda de massa por desgaste é inversamente proporcional à dureza da superfície que está a ser desgastada.

iv. A taxa de desgaste é independente da área aparente, mas depende da área real da área de contacto.

Desgaste abrasivo: O desgaste abrasivo ocorre devido ao deslizamento de uma superfície dura e rugosa ao longo de uma superfície macia. O resultado é a escavação e a abertura de uma série de ranhuras. Os materiais, originalmente nas ranhuras, geralmente saem sob a forma de fragmentos soltos. Este fenómeno é conhecido como desgaste de dois corpos. O desgaste abrasivo também ocorre quando são introduzidas partículas abrasivas duras entre duas superfícies deslizantes e estas partículas desgastam um ou ambos os materiais. O mecanismo consiste no facto de uma partícula abrasiva aderir temporariamente a uma das superfícies de deslizamento ou, então, ficar incrustada na mesma e abrir ranhuras na outra superfície. Esta forma de desgaste é designada por desgaste abrasivo.

O desgaste de dois corpos não se verifica quando as superfícies de deslizamento duras são lisas. Da mesma forma, o desgaste de três corpos não ocorre normalmente quando as partículas, introduzidas entre as superfícies de deslizamento, são pequenas ou quando são mais macias do que os materiais de deslizamento. Pelo contrário, uma vez iniciado o deslizamento, os detritos de desgaste, inicialmente produzidos, endurecem frequentemente por oxidação, etc., e agravam posteriormente o desgaste abrasivo. Mas quando o sistema de deslizamento é composto por uma quantidade limitada de partículas abrasivas, que foram utilizadas várias vezes à medida que o deslizamento continua, a taxa de desgaste provavelmente diminui à medida que as partículas abrasivas se tornam mais suaves e mais pequenas. Uma causa alternativa para a diminuição da taxa de desgaste nestes casos ou noutros casos de abrasão incessante é o facto de as partículas de desgaste soltas obstruírem as superfícies abrasivas e também de as superfícies abrasivas ficarem cegas após algum desgaste. A Figura 1.6 mostra estes dois aspectos, ou seja, a obstrução das superfícies abrasivas por detritos de desgaste e também o embotamento das superfícies abrasivas.

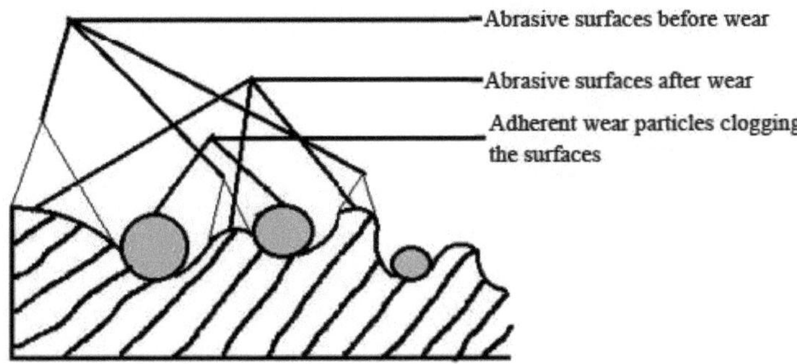

Superfícies abrasivas antes do desgaste
Superfícies abrasivas após desgaste

Partículas de desgaste aderentes que obstruem as superfícies

Figura 1.6 Aspeto ampliado do embotamento e da obstrução de superfícies abrasivas (Sushil 2001)

Desgaste erosivo: O desgaste devido à interação mecânica entre uma superfície sólida e um fluido, ou partículas líquidas ou sólidas em impacto, é designado por desgaste erosivo. Quando partículas com alguma velocidade incidem sobre a superfície do metal, ocorrem fissuras e deformações subsuperficiais em grande escala na superfície do metal.

Desgaste por atrito: O desgaste devido à pequena amplitude do movimento oscilatório ou recíproco entre duas superfícies é conhecido como desgaste por atrito. Trata-se de um mecanismo de dois passos. Inicialmente, o desgaste adesivo ocorre devido à fricção das duas superfícies e, em seguida, estas tornam-se oxidadas devido à grande quantidade de energia armazenada nas partículas de desgaste.

Desgaste por fadiga/delaminação: O desgaste causado por fratura decorrente da fadiga da superfície devido a cargas cíclicas é designado por desgaste por fadiga/delaminação. Resulta numa série de buracos ou vazios. Ocorre normalmente em corpos de contacto rolantes ou deslizantes, tais como rolamentos, etc. Após cargas cíclicas repetidas, observa-se uma fissura na subsuperfície ou na superfície. As fissuras subsuperficiais propagam-se, ligam-se a outras fissuras, atingem a superfície e geram partículas de desgaste. Do mesmo modo, as fissuras superficiais deslocam-se para baixo, para o interior da massa, ligam-se a outras fissuras e libertam uma partícula de desgaste. A propagação de fissuras é influenciada por vários factores. A humidade relativa do ar é um dos factores importantes. Foi relatado experimentalmente que o crescimento da fissura ocorre rapidamente num ambiente de elevada humidade do que no ar seco.

Desgaste corrosivo/oxidativo: O desgaste corrosivo ocorre quando o deslizamento tem lugar num ambiente corrosivo ou oxidativo. Também durante o deslizamento a seco, o oxigénio do ambiente normal ou outros gases presentes no ambiente podem reagir com a superfície sólida. A presença excessiva de aditivos anti-desgaste ou outros agentes químicos também pode causar desgaste corrosivo. A temperaturas elevadas, o oxigénio pode interagir com uma superfície de deslizamento e formar óxidos, o chamado desgaste oxidativo.

1.1.3 LUBRIFICAÇÃO

A lubrificação é o processo ou técnica empregue para diminuir o desgaste de uma ou ambas as superfícies, próximas e em movimento uma em relação à outra, através da interposição de uma substância chamada lubrificante entre as superfícies, para transferir ou ajudar a transferir a carga entre as superfícies opostas. A película de lubrificante interposta pode ser um sólido, uma dispersão sólido/líquido, um líquido, uma dispersão líquido/líquido ou, excecionalmente, um gás. Uma lubrificação suficiente permite um funcionamento contínuo e suave do equipamento, resultando apenas num desgaste ligeiro e sem tensões extremas ou gripagens nas chumaceiras.

Quando a lubrificação se deteriora, o metal ou outros componentes podem friccionar-se de forma prejudicial uns sobre os outros, produzindo danos críticos, calor e avarias. Em casos comuns, as cargas aplicadas são suportadas pela pressão gerada dentro do fluido, devido à resistência viscosa por fricção ao movimento do fluido lubrificante entre as superfícies.

1.1.3.1 Tipos de lubrificação

(a) Lubrificação por película fluida: É o regime de lubrificação em que, através de forças viscosas, a carga é inteiramente mantida pelo lubrificante dentro do espaço ou folga entre as partes em movimento uma em relação à outra (o conjunto lubrificado), evitando-se o contacto sólido-sólido.

Lubrificação hidrostática: É quando uma pressão externa é aplicada ao lubrificante no rolamento, para preservar a película de lubrificante fluido, que de outra forma seria espremida.

Lubrificação hidrodinâmica: É quando o movimento das superfícies de contacto e a conceção precisa da chumaceira são utilizados para bombear o lubrificante à volta da chumaceira para preservar a película lubrificante.

(b) Lubrificação elasto-hidrodinâmica: As superfícies opostas estão separadas, mas ocorre alguma interação entre as estruturas sólidas elevadas, denominadas asperezas, e há uma deformação elástica na superfície de contacto, aumentando a área de suporte de carga, pelo que a resistência viscosa do lubrificante se torna capaz de suportar a carga.

(c) Lubrificação de fronteira: Os corpos entram em contacto mais estreito nas suas asperezas; o calor estabelecido pela pressão local provoca uma condição que se designa por stick-slip e algumas asperezas rompem-se.

A temperaturas elevadas e em condições de pressão, os constituintes quimicamente reactivos do lubrificante reagem com a superfície de contacto, estabelecendo uma camada ou película tenaz altamente resistente, nas superfícies sólidas em movimento (película limite), que é capaz de suportar a carga e evita grandes desgastes ou avarias. A lubrificação de fronteira é também definida como o regime em que a carga é suportada pelas asperezas da superfície e não pelo lubrificante. Também é designado por lubrificação por película limite.

A lubrificação é vital para o funcionamento preciso de sistemas mecânicos, tais como pistões, bombas, cames, rolamentos, turbinas e ferramentas de corte, onde, sem lubrificação, a pressão entre as superfícies próximas produziria calor suficiente para danificar rapidamente a superfície e que, num estado mais grosseiro, poderia soldar exatamente as superfícies, produzindo gripagem.

1.2 COMPOSTOS

O termo compósito é utilizado para descrever materiais que são semi-homogéneos e têm propriedades mecânicas e físicas superiores às dos seus componentes. A matriz de um compósito pode ser um metal, uma cerâmica ou um polímero. Além disso, os compósitos podem ser agrupados com base nos reforços fornecidos (Schoutens e Tempo 1982).

Compósitos de matriz metálica: A fase de matriz para o MMC é um metal frequentemente dúctil. Os MMCs são fabricados com o objetivo de ter uma elevada relação resistência/peso, elevada resistência à abrasão e à corrosão, resistência à fluência, boa estabilidade dimensional e operacionalidade a altas temperaturas. As MMCs são utilizadas em indústrias como a automóvel e a aeroespacial. A maior parte das vezes, o alumínio é utilizado como matriz metálica.
Compósitos de matriz cerâmica (CMCs): Esta classe de compósitos contém materiais cerâmicos como fase de matriz. Os CMCs são desenvolvidos principalmente para melhorar a resistência à fratura dos materiais cerâmicos. Isto faz com que os CMCs possam ser utilizados em ambientes extremos de alta temperatura e estado de tensão. A fase dispersa desempenha um papel importante na prevenção da propagação de fissuras. Esta fase dispersa pode ser constituída por fibras, partículas ou whiskers.
Compósitos de matriz de polímero (PMCs): Contêm polímero como fase de matriz e fibras como E-glass, carbono ou aramida como fase de reforço. As diferentes variedades de PMC mais utilizadas são os compósitos de polímero reforçado com fibra de vidro (GFRP), os compósitos de polímero reforçado com fibra de carbono (CFRP) e os compósitos de polímero reforçado com fibra de aramida. Os polímeros mais utilizados como matriz são os ésteres vinílicos e os poliésteres.

1.3 LIGAS DE ALUMÍNIO E SEUS COMPÓSITOS

O tratamento primário ou o processo de fabrico define os comportamentos estruturais e mecânicos dos compósitos de matriz metálica (MMC). As propriedades de resistência e de superfície dos MMC são melhoradas por diferentes métodos, como o tratamento secundário, a liga, o reforço e as técnicas de modificação da superfície. As MMC à base de alumínio (Al) são geralmente fabricadas utilizando a metalurgia líquida para a produção em massa. No caso dos produtos de Al de nível micro, a via da metalurgia do pó desempenha um papel importante na obtenção de melhores propriedades mecânicas com menos perdas de material.

Gangil *et al.* (2017) afirmaram que os MMCs baseados em Al (AMMC) desempenham um papel vital nas aplicações estruturais, automotivas, aeroespaciais e marítimas devido à sua baixa densidade e alta resistência. Ferreira *et al.* (2019) afirmaram que a adição de reforço de baixa densidade ao AMMC poderia ser uma solução para componentes de design leves. O reforço de baixa densidade comumente preferido para AMMC são os Nano Tubos de Carbono (CNT), que são usados principalmente em aplicações estruturais e de manifold de óleo. Este AMMC pode também ser utilizado em aplicações tribológicas, uma vez que os CNT são um lubrificante sólido.

1.4 TÉCNICAS DE METALURGIA DO PÓ

A metalurgia do pó é um processo de formação de metal efectuado através do aquecimento de pós metálicos compactados até um pouco abaixo dos seus pontos de fusão. Embora o processo exista há muitos anos, no último quarto de século tornou-se amplamente reconhecido como uma forma superior de produzir peças de alta qualidade para uma variedade de aplicações importantes. Este sucesso deve-se às vantagens que o processo oferece em relação a outras tecnologias de conformação de metais, tais como o forjamento e a fundição de metais, vantagens na utilização de materiais, complexidade de formas, controlo dimensional próximo da forma líquida, entre outras. Estas, por sua vez, contribuem para a sustentabilidade, tornando a metalurgia do pó uma tecnologia reconhecidamente ecológica.

Na realidade, a metalurgia do pó compreende várias tecnologias diferentes para fabricar componentes semi-densos e totalmente densos. O processo convencional de metalurgia do pó, referido como prensagem e sinterização, foi utilizado para produzir o suporte planetário aqui apresentado. As peças da tesoura cirúrgica foram formadas através do processo de Moldagem por Injeção de Metal (MIM), o coletor foi fabricado através de Prensagem Isostática a Quente (HIP), enquanto a biela foi produzida utilizando Forjamento de Pó (PF). Entretanto, o Fabrico Aditivo (AM) de metal está a ganhar popularidade.

Utilizando muitas destas técnicas de processamento de PM (Figura 1.7), bem como outros processos, como a formação por pulverização, a compactação por rolo, a solidificação rápida e outros, os componentes são também produzidos atualmente a partir de materiais particulados que não os pós metálicos. Os materiais avançados actuais raramente são feitos apenas de metais e ligas metálicas, incorporando frequentemente cerâmicas, fibras cerâmicas e compostos intermetálicos.

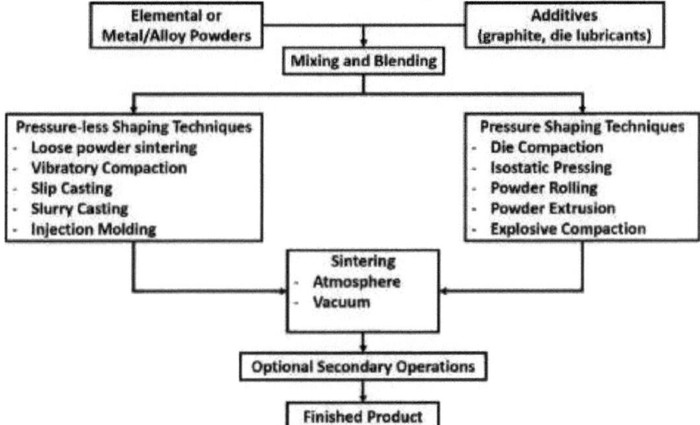

Figura 1.7 Técnicas de metalurgia do pó

1.5 NECESSIDADE DE INVESTIGAÇÃO

A partir de pesquisas anteriores, observa-se que as técnicas simples e eficazes para a fabricação de AMMC por meio da rota da metalurgia do pó são o processo de Mechanical Alloying (MA) (Sweet *et al.* 2019) e o processo de Spark Plasma Sintering (SPS). Muitos pesquisadores relataram que os fatores de processo e parâmetros dos processos MA e SPS influenciam as propriedades mecânicas dos compósitos de Al. Babu *et al.* (2020) evidenciaram que a adição de CNT de paredes múltiplas à matriz de Al melhora a microdureza e a resistência à compressão dos compósitos.

O estudo também confirma que a melhoria do comportamento mecânico é o resultado de um reforço optimizado e de condições de fabrico. Fogagnolo *et al.* (2003) estudaram o efeito da liga mecânica no AMMC e identificaram que o tempo de moagem influencia o tamanho das partículas e a distribuição homogénea do reforço. O estudo revela que o aumento do tempo de moagem aumentou a dureza do AMMC.
Alekseev *et al.* (2020) fabricaram o AMMC reforçado com CNT de paredes múltiplas usando o processo SPS e observaram que a resistência à tração final e a resistência ao escoamento aumentaram cerca de 47% e 158%, respetivamente. Rengifo *et al.* (2017) estudaram o comportamento tribológico do AMMC SPSed e afirmaram que o processo SPS tem a capacidade de melhorar as propriedades tribológicas do Al e seus compósitos em comparação com outras técnicas de metalurgia do pó.

1.5.1 Necessidade de estudo tribológico

Relativamente ao comportamento tribológico, são relatados os mecanismos de desgaste inferidos na tribo-interface, mas a causa e a consequência do mecanismo de desgaste não são discriminadas em pormenor para os compósitos Al/cerâmica ligados mecanicamente. Yadav *et al.* (2018) relataram que o mecanismo de desgaste predominante no compósito Al/cerâmica é a fadiga superficial, que leva à fragmentação e delaminação da superfície do compósito. Os parâmetros do processo de liga mecânica influenciam o comportamento microestrutural e mecânico dos compósitos Al/CNT. Este fenómeno também influencia o comportamento tribológico do compósito. No processo de liga mecânica, os factores que mais influenciam o comportamento mecânico dos compósitos de Al/cerâmica são o tempo e a velocidade de moagem, que também influenciam o seu comportamento ao desgaste. O comportamento tribológico dos compósitos de Al/cerâmica é também influenciado pela quantidade de reforço na matriz de Al. Quanto maior for a quantidade de reforço cerâmico no compósito Al/cerâmica, maior será o afrouxamento das partículas cerâmicas e maior será o mecanismo de desgaste do terceiro corpo.

A partir da literatura, conclui-se que o mecanismo de desgaste experimentado pelo Al e pelos seus compósitos é estudado por muitos investigadores. A ferramenta para classificar os efeitos e as causas do desgaste na superfície não é identificada e os mecanismos de desgaste não são discutidos de forma adequada para explorar o método de atenuação do desgaste.

1.5.2 Necessidade de estudo da corrosão

A partir dos extensos estudos de perda de peso realizados em todo o mundo sobre as taxas de corrosão do alumínio, foram registadas taxas de 0,03 a 4 iim/ano. A corrosividade de um local depende da distância percorrida pelo sal no ar, da direção e da velocidade do vento, da frequência do vento predominante, da topografia da costa e da extensão de água do mar sobre a qual o vento passou. O teor de sal diminui rapidamente com o aumento da distância do mar.

A perda de resistência à tração pode ocorrer devido à corrosão atmosférica. Na atmosfera das zonas rurais, a taxa de corrosão é em média de 0,03 iim/ano (0,001 mils/ano). Em locais industriais, as taxas de corrosão são em média de 0,8-0,28 iim/ano (0,03-0,11 mils/ano). Em certos ambientes poluídos, foi obtida uma taxa de corrosão mais elevada de 13 um ano (0,52 mils/ano).

1.6 ÂMBITO DA INVESTIGAÇÃO

Muitos investigadores relataram que os factores e parâmetros de processamento dos processos MA e SPS influenciam os comportamentos mecânicos, tribológicos e de corrosão dos compósitos Al/CNT. Os métodos de sinterização e a sua gama de temperaturas podem afetar as propriedades mecânicas e tribológicas dos AMMCs. Por conseguinte, é necessário identificar a melhor condição de processo/método de fabrico para obter um compósito Al/CNT com melhor desempenho.

O método de fabrico é uma configuração de diferentes factores de influência. Por isso, é importante estudar cada fator e o seu nível de influência nas respostas. Os factores que influenciam os processos MA e SPS são o reforço (MWCNT), os parâmetros de moagem (tempo de moagem, velocidade de moagem e relação bola-pó) e as condições de sinterização (pressão de sinterização e temperatura de sinterização) nos comportamentos mecânico, tribológico e de corrosão dos compósitos Al/CNT.

1.7 DISCRIMINAÇÃO DA TESE

A fim de abordar as várias questões discutidas e alcançar os objectivos da investigação, está a ser realizada uma análise experimental detalhada e foi também aplicado um método de otimização. Todos estes trabalhos efectuados são apresentados sob a forma de tese, que contém cinco capítulos.

Chapter 1 apresenta uma breve introdução sobre os AMMCs, as questões tribológicas e de corrosão, em particular os AMMCs com ligas mecânicas e processados por SPS, e as linhas gerais da dissertação planeada são apresentadas neste capítulo.

Chapter 2 descreve a literatura revista sobre os AMCs e os aspectos mecânicos, tribológicos e de corrosão de uma forma pormenorizada. Neste capítulo, são apresentados vários métodos de fabrico de AMCs e a influência dos materiais de reforço nas propriedades do compósito de matriz de Al. Este capítulo também discute várias técnicas de otimização disponíveis na literatura para otimizar os parâmetros do processo, que são aplicadas por investigadores no passado recente. Com base na inferência da literatura e nas lacunas da investigação, o objetivo do trabalho de investigação é enquadrado

Chapter 3 apresenta as propriedades do material utilizado e a metodologia seguida para o fabrico dos compósitos Al/CNT MAed e SPSed. A especificação do equipamento utilizado neste trabalho de investigação para a experimentação e recolha de dados é apresentada neste capítulo. O procedimento experimental dos compósitos MAed e SPSed Al/CNT e também os meios de recolha de dados relativos às propriedades mecânicas, tribológicas e de corrosão são também apresentados.

Chapter 4 O capítulo 2 apresenta a análise efectuada aos compósitos MAed e SPSed Al/CNT desenvolvidos e avalia as propriedades mecânicas, tribológicas e de corrosão dos compósitos MAed e SPSed Al/CNT. Além disso, as discussões sobre o processo de otimização e a determinação dos parâmetros ideais são apresentadas neste capítulo.

Chapter 5 apresenta o resumo geral das investigações efectuadas neste trabalho de investigação e as conclusões tiradas. Além disso, são apresentadas neste capítulo as limitações do trabalho e as direcções futuras para a investigação nesta área.

CAPÍTULO 2

REVISÃO DA LITERATURA

Este capítulo apresenta um levantamento exaustivo da literatura sobre os AMCs produzidos utilizando a via da metalurgia do pó. São discutidos em pormenor vários métodos de fabrico seguidos por investigadores e especialistas da indústria para o fabrico de AMCs. Os métodos de caraterização e avaliação de propriedades adoptados para os AMCs e os seus resultados são apresentados neste capítulo, conforme disponíveis na literatura. Além disso, são revistos e apresentados os estudos de tribologia e corrosão, com especial destaque para os parâmetros de processo referidos na literatura.

2.1 ANTECEDENTES DA INVESTIGAÇÃO

Muitos pesquisadores relataram os fatores de influência do processo de liga mecânica nas propriedades mecânicas dos compósitos de Al. Neves *et al.* (2021) optimizaram o processo de liga mecânica e concluíram que o tempo de moagem contribui mais do que a velocidade de moagem, com uma relação de cerca de 3:1 a alta temperatura. Canakci *et al.* (2009) experimentaram os efeitos dos factores de moagem no tamanho das partículas e sugeriram os factores mais influentes como o tempo de moagem, o Ball To Powder Ratio (BTPR) e a velocidade de moagem.

Fogagnolo *et al.* (2014) estudaram os efeitos do processo de liga mecânica na microestrutura e propriedades mecânicas de compósitos Al/Si3N4 e Al/AlN. Do estudo, infere-se que o tempo de moagem influencia o tamanho das partículas e a distribuição homogénea. O aumento do tempo de moagem, juntamente com o reforço cerâmico, pode aumentar a dureza do compósito de Al. A resistência dos compósitos de Al fabricados pode ser melhorada através de tratamentos secundários como tratamentos térmicos e técnicas de Deformação Plástica Severa (SPD).

Awotunde *et al.* (2017) efectuaram um estudo sobre os efeitos dos métodos de sinterização e a sua gama de temperaturas nas propriedades mecânicas dos compósitos de Al. Esta revisão ajuda a explorar os efeitos da temperatura na propriedade mecânica e conclui que a temperatura máxima de sinterização para o processo de sinterização convencional é de até 600 ° C para compósitos de Al. Conclui-se que a influência dos parâmetros de liga mecânica nos comportamentos mecânicos, tribológicos e de corrosão dos compósitos Al/CNT não é estudada nem optimizada. Assim, o objetivo do presente trabalho de investigação é estudar a influência dos parâmetros de liga mecânica nas propriedades mecânicas e tribológicas dos compósitos Al/CNT.

2.2 SELECÇÃO DE MATERIAIS E MÉTODO DE FABRICO

Muitos investigadores reforçaram os pós cerâmicos (SiO2, TiO2, SiC, TiC, B4C, TiB2, BN, CNT e Al2O3) com ligas de Al para melhorar as suas propriedades mecânicas. A adição de partículas cerâmicas de baixa densidade ajuda a adequar os compósitos de Al a soluções de design leves para automóveis. A partícula cerâmica de baixa densidade geralmente preferida é o Carbon Nano Tubes (CNT) à matriz de Al.

A adição de maior peso. % de CNT à matriz de Al levará à aglomeração de partículas de CNT, o que se deve às altas forças de van der waals. Bunakov *et al.* (2019)

fabricaram o compósito Al/CNT usando a técnica de metalurgia do pó, na qual o mesmo efeito foi inferido para a adição de 1 wt. % de partículas de CNT à matriz de Al. Popov *et al.* (2018) realizaram um estudo insitu sobre a fabricação de compósitos Al / cerâmica usando o processo de liga mecânica. Este estudo revelou que a identificação da composição ideal do reforço na matriz é necessária para evitar a mistura intensificada no processo de liga mecânica.

Alekseev *et.al.* (2014) prepararam um compósito de alumínio reforçado com nanotubos de carbono de parede simples através de um processo de sinterização por plasma de faísca e seguido de extrusão. Eles estudaram o efeito do reforço nas propriedades de resistência dos compósitos, devido à adição de SWCNT, há um aumento de 47% na resistência à tração final e um aumento de 158% na resistência ao escoamento dos compósitos.

Ma *et.al.* (2017) analisaram os comportamentos de deformação a quente do compósito de Al reforçado com CNT através do mapa de processamento e da avaliação da microestrutura. Encontraram o tamanho de grão estável em zonas de grão ultrafino e o alongamento em zonas de grão grosso durante a formação a quente.

Ma *et.al.* (2018) fabricaram compósito prensado a quente reforçado com CNT 7055 Al por liga mecânica combinada com metalurgia do pó. Eles investigaram o comportamento de deformação a quente e a evolução da microestrutura por mapas de processamento estabelecidos. No compósito existe uma microestrutura não homogénea composta por grãos grosseiros sem CNTs e grãos finos com CNTs uniformemente dispersos.

Ma *et.al.* (2019) melhoraram a ductilidade de compósitos de Al reforçados com CNT bimodais que são produzidos pela técnica de metalurgia do pó e seguidos de extrusão a diferentes temperaturas. Eles obtiveram 76% de aumento de ductilidade no compósito que é extrudado a 4700 C do que o compósito extrudado a 3700 ° C.

Ghazanlou *et.al.* (2015) efectuou a avaliação da microestrutura para os efeitos dos reforços CNT e nanoplacas de grafeno de compósitos Al 7075 fundidos por agitação e laminados a quente. A avaliação da microestrutura mostra que o alongamento dos reforços na direção paralela à laminagem a quente.

2.3 COMPORTAMENTO MECÂNICO DO AMMC

Xu *et.al.* (2013) relataram que a resistência à tração melhorada e a ductilidade à tração quase igual para os compósitos de alumínio reforçados com óxido de grafeno e nanotubos de carbono em comparação com o alumínio puro, que é preparado pelo processo de metalurgia do pó e seguido de extrusão a quente. A melhoria da resistência dos compósitos deve-se ao efeito combinado de nanotubos de carbono, Al_4C_3 insitu e óxido de grafeno. Shi *et.al.* (2014) prepararam um compósito nanolaminado de alumínio e nanotubos de carbono de parede simples e analisaram o impacto das propriedades interfaciais. A resistência normal e ao cisalhamento que é medida na interface do compósito é de 254,9 ± 9,3 MPa e 112,8 ± 3,5 MPa, respetivamente.

Nyanor *et.al.* (2014) fabricaram os compósitos reforçados com nanotubos de carbono e, juntamente com carboneto de titânio, introduziram compósitos híbridos através do processo de sonterização por plasma de faísca e extrusão a quente. Eles investigaram a melhoria da ductilidade em compósitos híbridos. O resultado foi que a resistência à tração e o alongamento do Al puro (125 MPa e 40%), do compósito Al-0,5CNT (232 MPa e 5,2%) e do compósito híbrido Al-2,5TiC-0,5CNT (186 MPa e 33%).

Nie *et.al.* (2015) avaliaram o efeito da adição de nanotubos de carbono como reforço secundário num compósito de matriz de alumínio híbrido de alto desempenho reforçado com partículas cerâmicas nas propriedades mecânicas. Além disso, investigaram o papel do Al4C3 que se forma na interface CNT/Alumínio. Verificaram uma melhoria significativa nas propriedades mecânicas do compósito de matriz de alumínio híbrido de alto desempenho reforçado com partículas cerâmicas devido à adição de uma pequena quantidade de nanotubos de carbono. Devido à aglomeração e ondulação dos nanotubos de carbono, verifica-se uma ligeira diminuição do módulo de elasticidade. Concluíram que a reação interfacial entre os CNT e a matriz influenciou significativamente as propriedades mecânicas.

Chen *et.al.* (2015) fabricaram os compósitos de matriz metálica de alumínio reforçados com nanotubos de carbono e nanopartículas de alumina in-situ através do processo de sinterização por plasma de faísca. Estudaram a microestrutura, as propriedades de tração e os comportamentos de deformação dos compósitos e verificaram o elevado desempenho dos compósitos híbridos devido aos reforços adicionados.

Chen *et.al.* (2016) prepararam os nanotubos de carbono reforçados com compósitos de alumínio puro por sitering de plasma de faísca e seguido de extrusão a quente. Eles investigaram a formação de limites de grãos de baixo ângulo nos compósitos a temperatura elevada. Os autores concluíram que a grande relação de aspeto dos nanotubos de carbono e a abundância de deslocamentos na matriz de alumínio são os factores cruciais para a formação de fronteiras de grão de baixo ângulo.

Li *et.al.* (2015) fabricaram os compósitos de alumínio reforçados com nanotubos de carbono com elevado alongamento através da metalurgia do pó de flocos e seguiram a extrusão a quente com um rácio de extrusão elevado. Após a extrusão, os autores descobriram que os grãos finos e equiaxiais e a formação de carboneto de alumínio interfacial e os CNTs conectados à ponte são colocados ao longo da direção de extrusão nos compósitos.

Chen *et.al.* (2019) fabricaram compósitos de alumínio reforçados com nanotubos de carbono com poucas paredes (aproximadamente 3 paredes) por sinterização por plasma de faísca e extrusão a quente seguida. Os compósitos sinterizados por plasma de faísca a 5000 C experimentaram grãos finos com uma integridade estrutural aprimorada de nanotubos de carbono e maior densidade de deslocamento, o que resulta em maior resistência à tração. Os autores observaram um comportamento de amolecimento por deformação prolongada e elevadas taxas de endurecimento por deformação após o estrangulamento do compósito, que apresentou um alongamento à tração de 11,7% com uma elevada tensão de cedência de 382 MPa.

Guo *et.al.* (2018) concentrou-se em melhorar a molhabilidade interfacial para aumentar a adesão interfacial entre os nanotubos de carbono e a matriz de alumínio, formando uma interface de difusão revestida de cobre. A nano camada de revestimento de cobre na superfície dos CNTs que actua como uma estrutura interfacial única entre a matriz e os reforços. Aumenta a eficiência de reforço dos CNTs e a deformação plástica do alumínio, o que ajuda a aumentar a resistência e a ductilidade dos compósitos. Os autores obtiveram uma resistência à tração de 391 MPa e um alongamento à tração de 15,7% para os compósitos.

Bi *et.al.* (2019) prepararam os nanotubos de carbono reforçados com compósitos Al7055 por rota de metalurgia do pó. Os autores investigaram os comportamentos de deformação superplástica dos compósitos CNT/Al7055 em diferentes temperaturas variando de 3000 a 4250 C e também em diferentes taxas de deformação de 10-2 a 5 s-1. Os autores observaram que os CNTs podem ter um impacto negativo na deformação superplástica, o que pode ser explicado pelo elevado rácio de aspeto dos CNTs e pela forte ligação de interface entre os nanotubos de carbono e o alumínio.

Zhang *et.al.* (2019) analisaram a ligação interfacial dos compósitos de matriz metálica de alumínio reforçados com nanotubos de carbono. Os autores propuseram uma camada de transição de carboneto de silício entre as interfaces CNT/Al para melhorar a força de ligação interfacial. Os autores obtiveram propriedades mecânicas aprimoradas para os CNTs reforçados com compósitos de matriz metálica de alumínio.

Babu *et.al.* (2020) fabricaram os compósitos de alumínio reforçados com nanotubos de carbono de paredes múltiplas de diferentes fracções volumétricas (1 Vol.% e 3 Vol.%) por via da metalurgia do pó, seguida de extrusão a quente a diferentes temperaturas, rácios de extrusão e ângulos de matriz. A 3 Vol.%, os compósitos reforçados com CNTs têm melhor microdureza e resistência à compressão.

Herzallah *et.al.* (2021) prepararam os compósitos de alumínio reforçados com nanotubos de carbono e partículas de carboneto de silício por compactação a frio e sinterização a vácuo. Os autores analisaram a densidade, a dureza, a compressão e o coeficiente de atrito dos compósitos. Os resultados do estudo concluíram que a adição de CNTs e SiC à matriz de alumínio melhorou a dureza e a resistência à compressão dos compósitos e levou à diminuição da densidade relativa dos compósitos.

A seleção de uma metodologia de otimização eficaz ajudará a identificar a mistura adequada de reforço para a matriz e a condição de fabrico ideal para a MMC. Hussain *et al.* (2015) utilizaram a metodologia Taguchi para otimizar o processo de liga mecânica para MMC e estudaram o efeito dos níveis de cada parâmetro de influência. A metodologia de otimização precisa de suporte para o estudo dos intervalos de cada fator. Nesse aspeto, a Metodologia de Superfície de Resposta (RSM) auxilia a identificar o impacto dos intervalos na resposta. Saravanan *et al.* (2016) otimizaram os parâmetros de desgaste para os revestimentos cerâmicos, em que se afirma que a técnica de otimização RSM explora as respostas entre os níveis dos fatores através dos modelos de regressão. Esta metodologia identifica a resposta óptima e os seus parâmetros de influência com precisão.

2.4 COMPORTAMENTO TRIBOLÓGICO DO AMMC

Geralmente, os componentes feitos de liga de alumínio são leves e são amplamente utilizados em aplicações comuns de engenharia. Não apresentam boa resistência ao desgaste em condições de lubrificação parcial ou de limite. Quando um lubrificante sólido é disperso na matriz da liga de alumínio, o material apresenta um bom potencial de resistência ao desgaste e, consequentemente, torna-se mais adequado para aplicações tribológicas (Jha *et al.* 1989). Estão a ser feitos esforços para incorporar partículas lubrificantes nas matrizes de ligas de alumínio, de modo a melhorar as suas propriedades de resistência ao desgaste.

Prasad e Ramakrishnan (2009) identificaram o reforço à base de carbono como um material lubrificante sólido adequado para aplicações específicas. Os compósitos de liga de alumínio/partículas de grafite apresentam uma boa resistência ao desgaste, retardando o início do desgaste severo e da gripagem, e uma melhor maquinabilidade.

Investigadores anteriores demonstraram que o compósito liga de alumínio/grafite forma uma camada de grafite com um lubrificante sólido entre as superfícies de contacto durante o deslizamento a seco (Akhlaghi e Pelaseyyed 2004). Estas camadas ajudam a reduzir o atrito e o desgaste e também adiam o início do desgaste severo. Uma propriedade desta camada é que a sua espessura e dureza dependem do teor de grafite no compósito. Os estudos também referem que, com o aumento do teor de grafite, se forma uma película lubrificante mais rica em grafite na superfície de lubrificação, reduzindo assim a taxa de desgaste das MMCs.

Gibson *et al.* (1985) e Das *et al.* (1989) relataram que, com a adição de uma partícula de grafite na liga de alumínio, pode ser formada uma película lubrificante sólida na superfície de desgaste. Esta ajuda a reduzir o coeficiente de atrito, a aumentar a qualidade antiaderente e a melhorar o comportamento tribológico da liga de base.

Nos AMCs, a formação da tribocamada atrasa a transição do desgaste ligeiro para o desgaste severo. Após a remoção da camada tripla da superfície de contacto, o material a granel entra em contacto direto com a contra-face e, por conseguinte, torna-se difícil formar uma nova camada tripla na matriz quente e amolecida (Riahi e Alpas 2001). Devido a um maior deslizamento, nota-se uma queda na força de atrito porque a MML se separa da superfície do pino, causada pela delaminação que expõe a superfície fresca do pino (Prasada *et al.* 2008). Os resultados indicam que diferentes tipos de reforço podem gerar MMLs. Pode concluir-se que a LMF é formada a partir de três fontes: a contra-face, a matriz e as partículas (Venkataraman e Sundararajan, 2000).

Certas caraterísticas que distinguem uma LMF do compósito normal são: (a) As LMF têm uma cor mais escura em comparação com o material compósito normal quando observadas num microscópio ótico, (b) A presença de elementos químicos na contra-face, (c) Maior valor de micro-dureza na LMF e uma mudança súbita para valores mais baixos fora da LMF (Rosenberger *et al.* 2005).

A LMF apresentou valores de dureza muito superiores aos da matriz do compósito (Riahi e Alpas 2001). A dureza da MML é comparável à dureza da contraface de aço e é independente do compósito. É de notar que a MML não se forma no material não reforçado, o que é evidente devido à ausência de vestígios de ferro na superfície desgastada (Venkataraman e Sundararajan 2000). Os estudos de microdureza realizados ao longo da superfície seccionada verticalmente a partir da superfície desgastada mostram que a magnitude da dureza do provete diminui com a distância da superfície desgastada, o que implica que a subsuperfície mais próxima da superfície desgastada foi endurecida como resultado do efeito de endurecimento por deformação, em comparação com a região afastada da superfície desgastada.

2.5 COMPORTAMENTO DE CORROSÃO DO AMMC

A decomposição direta de uma superfície de alumínio é designada por corrosão ou ataque corrosivo. O tipo mais comum de corrosão numa superfície de alumínio é a corrosão galvânica. Esta ocorre quando os metais se decompõem uns aos outros. Se o alumínio entrar em contacto com um metal mais nobre (como o cobre, o zinco e certos tipos de aço), o alumínio será decomposto. Por conseguinte, é problemático, por exemplo, combinar alumínio e aço galvanizado, porque o aço galvanizado está coberto de zinco, que é mais precioso do que o alumínio. Por conseguinte, é o alumínio e não a superfície galvanizada que será degradado. Exemplos de danos típicos relacionados com a corrosão galvânica são Gerberding.

A corrosão por picadas ocorre mais frequentemente sob a forma de danos locais na superfície do alumínio e resulta normalmente em danos estéticos em vez de danos funcionais. A corrosão por picadas pode ocorrer se o alumínio estiver num ambiente muito húmido, onde estão frequentemente presentes sais. Ocorre em sujidade e detritos comuns, bem como em ambientes onde a água não pode ser afastada do metal.

Se o alumínio se destinar a ser utilizado em ambientes marítimos e, por conseguinte, tiver de ser resistente à água do mar para evitar a corrosão, recomenda-se, de acordo com a norma EN13195: 2009, a utilização de uma grande proporção de ligas das séries 5000 e 6000 para projectos marítimos. As ligas 5083, 5754, 6060 e 6082, entre outras. Para estruturas marítimas de alumínio, recomenda-se ainda, de acordo com a norma EN1999-1-1 (Eurocódigo 9), a utilização de parafusos, cavilhas e outros elementos de ligação no material A4 316 - à prova de ácido e de ferrugem. Se estes não forem utilizados, existe o risco de corrosão galvânica.

As ligas de alumínio são resistentes à corrosão na atmosfera, mas têm frequentemente uma fraca resistência à corrosão quando submersas em ambientes aquosos. A resistência à corrosão do alumínio também é frequentemente elevada apenas numa gama restrita de pH. Por exemplo, foram publicados dados (Uhlig e Revie, 1985) que mostram que as taxas de corrosão do alumínio são muito baixas quando o pH do fluxo químico está entre aproximadamente 4 e 7, mas as taxas de corrosão são muito altas quando o pH é inferior a 4 ou superior a 7. O comportamento de corrosão do alumínio e das suas ligas está intimamente ligado ao comportamento da película de óxido da superfície, que efetivamente passiva a superfície do alumínio sob uma variedade de condições ambientais na gama de pH de 4-9. Qualquer corrosão do alumínio nesta gama de pH pode ser do tipo pitting, a forma mais comum de corrosão do alumínio na presença de iões halogenetos, especialmente iões cloreto.

A preocupação tecnológica do estudo da corrosão do alumínio é o desempenho de muitos compósitos de alumínio. Electroquimicamente, a maioria dos compósitos de alumínio formados pela interação do alumínio com outros elementos têm potenciais electroquímicos diferentes do alumínio puro. Quando o alumínio está em contacto com um metal dissimilar que não seja, por exemplo, o magnésio e o zinco, forma-se localmente uma célula galvânica com o alumínio como ânodo. Nestas circunstâncias, o alumínio corrói-se mais rapidamente do que se estivesse sozinho exposto ao mesmo meio. Esta corrosão galvânica do alumínio é, pelo contrário, o princípio da proteção catódica de outros metais, especialmente do cobre e do aço, com o alumínio como ânodo de sacrifício. As aplicações dos ânodos de sacrifício de compósitos de alumínio incluem estruturas marítimas e offshore, tais como plataformas de perfuração e produção de petróleo, bem como a área subaquática de navios e vários tanques. O conhecimento da ativação e corrosão do alumínio é também essencial para o armazenamento de alumínio com electrólitos aquosos.

2.6 LACUNA NA INVESTIGAÇÃO

A partir da literatura, conclui-se que as AMMC reforçadas com CNT de paredes múltiplas são amplamente utilizadas em muitas aplicações de engenharia. A adição de uma percentagem mais elevada de CNT à matriz de Al conduzirá à aglomeração das partículas de CNT, o que se deve às elevadas forças de van der waals, pelo que a identificação da composição óptima do reforço da matriz é necessária para evitar a intensificação da mistura nos processos MA e SPS. Os parâmetros dos processos MA e SPS podem influenciar os comportamentos mecânicos, tribológicos e de corrosão dos compósitos Al/CNT. Os métodos de sinterização e a sua gama de temperaturas podem afetar as propriedades mecânicas e tribológicas dos AMMCs. Para tal, é necessária uma metodologia de otimização que apoie o estudo dos intervalos de cada fator; neste aspeto, a Metodologia de Superfície de Resposta (RSM) ajuda a identificar o impacto dos intervalos na resposta. O método de fabrico influencia as propriedades mecânicas e tribológicas do AMMC. Assim, o nível ótimo de reforço variará de acordo com o método de fabrico.

Por conseguinte, é necessário identificar o nível ótimo de reforço para cada método de fabrico. O método de fabrico é uma configuração de diferentes factores de influência. Por conseguinte, é importante estudar cada fator e o seu nível de influência nas respostas. Os factores que influenciam os processos MA e SPS são o reforço (MWCNT), os parâmetros de moagem (tempo de moagem, velocidade de moagem e relação bola-pó) e as condições de sinterização (pressão de sinterização e temperatura de sinterização) nos comportamentos mecânico, tribológico e de corrosão dos compósitos Al/CNT, que não foram estudados em pormenor nos estudos anteriores.

2.7 OBJECTIVOS DO ESTUDO

Para a presente investigação, o CNT de paredes múltiplas é selecionado como reforço para o AMMC. Os compósitos Al/CNT são fabricados utilizando os processos MA e SPS em diferentes condições de processo. Com base na inferência e na lacuna de investigação da literatura, os objectivos da presente investigação são enquadrados da seguinte forma,

> Estudar a influência do reforço (MWCNT), dos parâmetros de moagem (tempo e velocidade de moagem) e da temperatura de sinterização nos comportamentos estrutural, mecânico, tribológico e de corrosão dos compósitos Al/CNT.

> Identificar a configuração óptima dos processos MA e SPS para os compósitos Al/CNT utilizando a técnica RSM para obter a máxima resistência mecânica, resistência ao desgaste e resistência à corrosão.

> Avaliar as condições óptimas de fabrico do compósito Al/CNT e sugerir um compósito Al/CNT com melhor desempenho para as indústrias de aplicações estruturais, tribológicas e de oleodutos.

CAPÍTULO 3

MATERIAIS E MÉTODOS

3.1 METODOLOGIA DE INVESTIGAÇÃO

A metodologia de investigação adoptada para a presente investigação sobre os comportamentos tribológicos e de corrosão do AMC é apresentada na Figura 3.1.

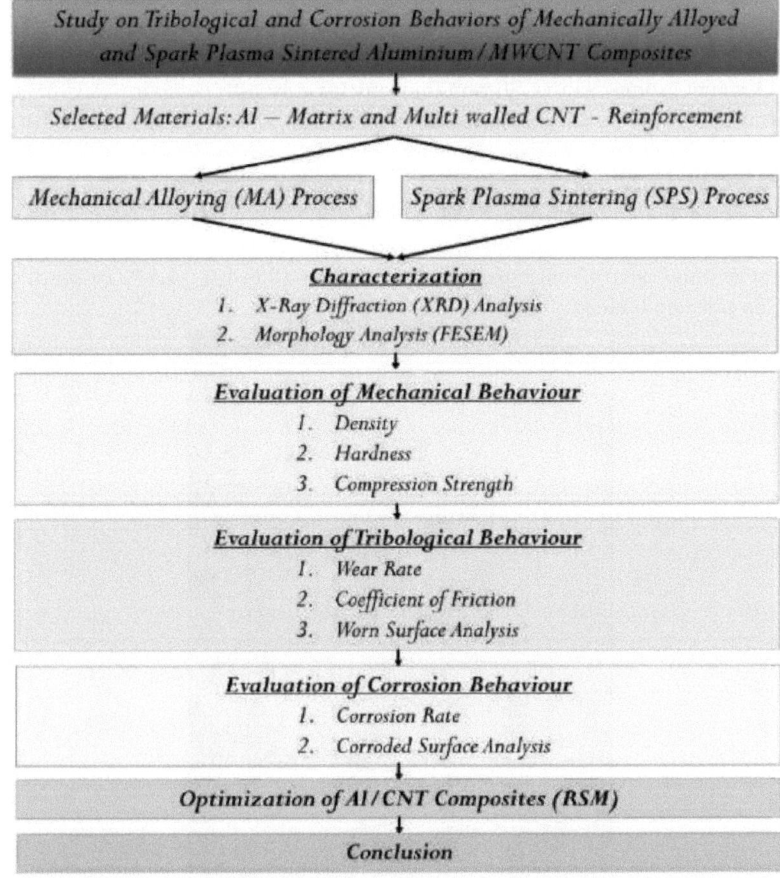

3.2 MATERIAIS

Al pó com tamanho médio de partícula de *78um* é comprado de Loba Chemie, Índia e CNT multi-parede (dia de *20-80nm* e comprimento de *3-8urn*) é comprado de Intelligent Materials Private Ltd., Índia. O CNT adquirido é funcionalizado usando o tratamento ácido para a ativação do grupo hidroxila nas paredes do CNT.

3.3 FABRICAÇÃO DE COMPOSTOS Al/MWCNT

Os CNT funcionalizados são misturados com pó de Al utilizando o processo de moagem de bolas a diferentes percentagens em peso (0,5, 1,0 e 1,5 % em peso) sob o agente de controlo tolueno. A adição de CNT a 2 wt. % ou mais à matriz de Al resultou na aglomeração de partículas de CNT, o que se deve às elevadas forças de van der waals (Esawi *et al.* 2010). As velocidades de moagem selecionadas são 250, 300 e 350 rpm para o tempo de moagem de 240, 360 e 480 minutos com a relação de peso bola-pó de 10:1. Com base na pesquisa de Awotunde *et al.* (2019), os processos MA e SPS são realizados nos diferentes Gradientes de Temperatura de Sinterização (STG) (T_i / T_o) 0,65, 0,75 e 0,85, ou seja, temperaturas de sinterização de ~ 450, 500 e 550 ° C e permitidos para resfriamento natural dentro da câmara. O ponto de fusão do pó de Al adquirido é de 600 °C (T_o). Os pós moídos são pressionados utilizando as máquinas isostáticas e SPS automatizadas a 500 N/mm^2 numa matriz de grafite. As amostras são fabricadas com a dimensão de 20 mm de diâmetro e 10 mm de altura. A extrusão de compósitos sinterizados diminui a dureza e a propriedade tribo devido a uma estrutura de grão mais clara (Anas *et al.* 2020); por conseguinte, a extrusão não é efectuada para os compósitos Al/CNT.

3.3.1 Processo de liga mecânica (MA)

Os CNT funcionalizados são misturados com pó de Al utilizando o processo de moagem de bolas em diferentes percentagens de peso (0,5, 1,0 e 1,5 % de peso) sob o agente de controlo tolueno.

Figura 3.2 Vista fotográfica de (a) máquina de prensagem isostática e **(b) molde de ferro fundido**

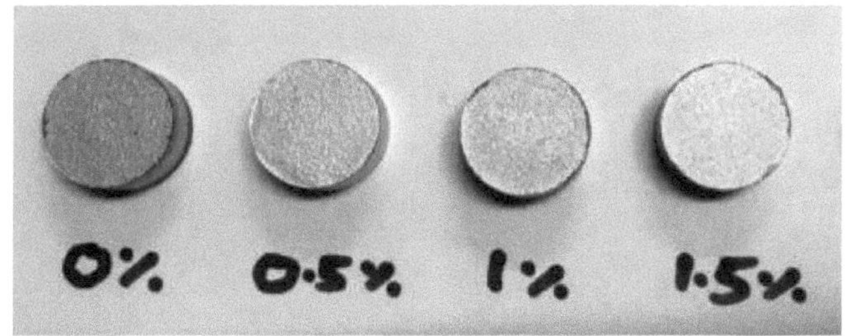

Figura 3.3 Vista fotográfica dos compósitos Al/CNT fabricados

A adição de CNT a 2 wt. % ou mais à matriz de Al resultou na aglomeração das partículas de CNT, o que se deve às elevadas forças de van der waals (Esawi *et al.* 2010). As velocidades de moagem selecionadas são 250, 300 e 350 rpm para o tempo de moagem de 240, 360 e 480 minutos com a relação de peso bola-pó de 10:1. Com base na pesquisa de Awotunde *et al.* (2019), o processo de MA é feito em diferentes Gradiente de Temperatura de Sinterização (STG) (T_i / T_o) 0,65, 0,75 e 0,85, ou seja, temperaturas de sinterização de ~ 450, 500 e 550 ° C e permitido para resfriamento natural dentro da câmara. O ponto de fusão do pó de Al adquirido é de 660 °C (T_o). Os pós moídos são pressionados utilizando a prensa isostática automatizada numa matriz de ferro fundido. As amostras são fabricadas com a dimensão de 20 mm de diâmetro e 10 mm de altura. A extrusão de compósitos sinterizados diminui a dureza e a propriedade tribo devido a uma estrutura de grão mais fina (Anas *et al.* 2020); por conseguinte, a extrusão não é efectuada para os compósitos Al/CNT.

3.3.2 Processo de sinterização por plasma de faísca (SPS)

Os CNT funcionalizados são misturados com pó de Al utilizando o processo de moagem com bolas a diferentes percentagens em peso (0,5, 1,0 e 1,5 % em peso) sob o agente de controlo tolueno. As velocidades de moagem selecionadas são 250, 300 e 350 rpm para o tempo de moagem de 240, 360 e 480 minutos com uma relação de peso de bola para pó de 10:1.

O processo SPS é efectuado a diferentes Gradientes de Temperatura de Sinterização (STG) (T_i/T_o) 0,65, 0,75 e 0,85, ou seja, temperaturas de sinterização de ~450, 500 e 550 °C e permite o arrefecimento natural no interior da câmara. Os pós moídos são pressionados utilizando as máquinas SPS automatizadas em moldes de grafite. As amostras são fabricadas com a dimensão de 20 mm de diâmetro e 10 mm de altura

Figura 3.4 Vista fotográfica da máquina SPS automatizada

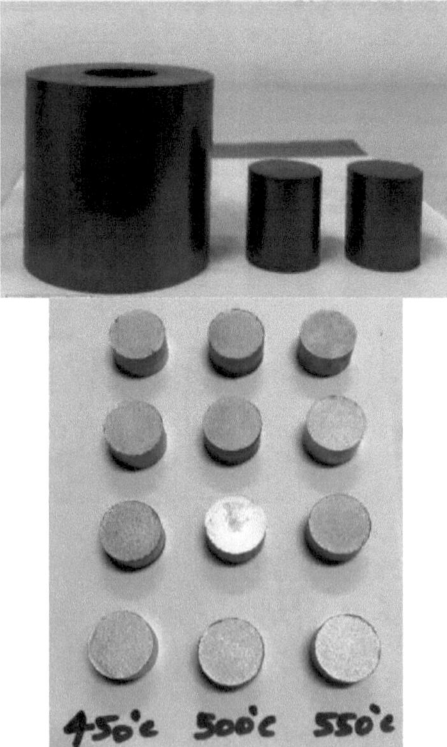

Figura 3.6 Vista fotográfica de compósitos de Al/CNT obtidos por SPS

3.4 estudo de compostos de al/mwcnt

3.4.1Análise estrutural e morfológica

A superfície dos compósitos Al/CNT MAed e SPSed é analisada utilizando o Microscópio Eletrónico de Varrimento de Emissão de Campo (FESEM) (*Modelo: SIGMA-ZEISS -Bruker Quantax 200-Z10 EDS)* e o Microscópio Eletrónico de Varrimento (SEM) (*Modelo: Hitachi S-3400N*).

Figura 3.7 Vista fotográfica do equipamento FESEM

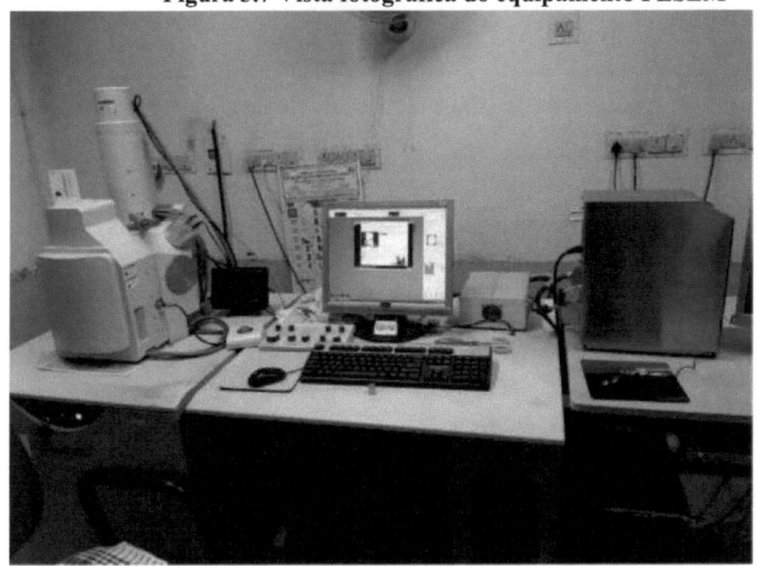

A cristalografia dos compósitos Al/CNT MAed e SPSed é estudada utilizando o Difractómetro de Raios X (XRD) *(Modelo: X'per PRO)* em radiação Cu-Ka com comprimento de onda de 1,54 A a partir do ângulo de difração 20°-70° com um ângulo de passo de 0,02°.

3.4.2 Comportamento mecânico

A densidade de todas as amostras é medida pelo método de Arquimedes. A microdureza dos compósitos Al/CNT é medida usando o testador de microdureza Vickers (*Modelo: Economet VH-1D*) conforme ASTM B933-20 na carga de 300g para tempo de permanência de 15s com uma média de 5 trilhas. A resistência à compressão dos compósitos Al/CNT (diâmetro ϕ20 mm, altura 10 mm) é avaliada utilizando a máquina de ensaios de compressão uniaxial automatizada, de acordo com a norma ASTM B331-16.

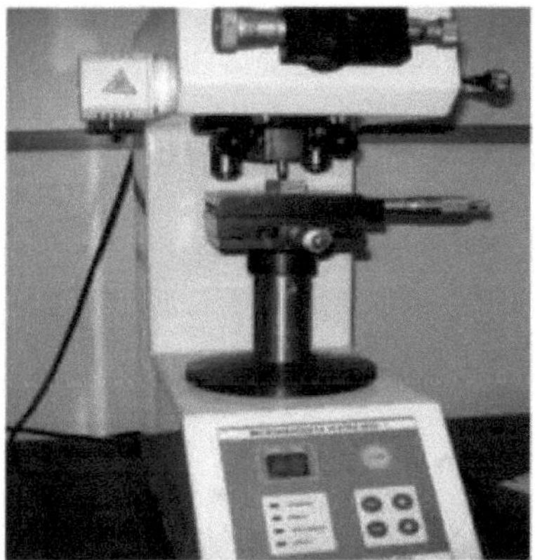

Figura 3.10 Medidor de microdureza
[Faculdade de Engenharia de Guindy, Universidade de Anna, Chennai]

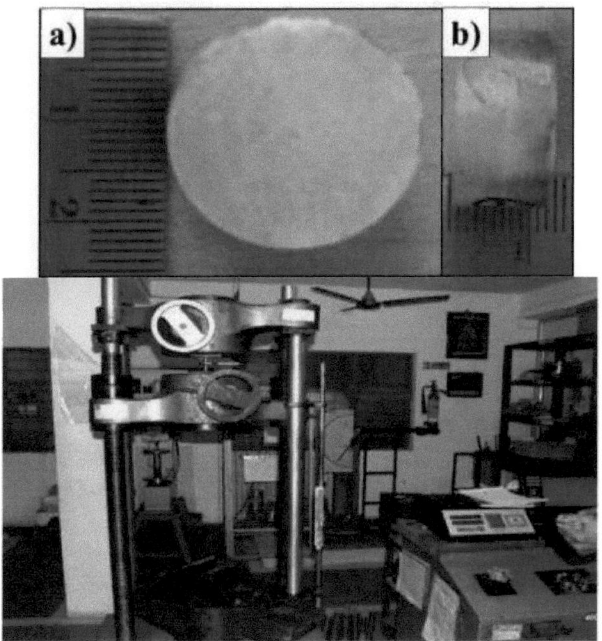

Figura 3.12 Fotografia da máquina de ensaio universal [MET MECH ENGINEERS, Chennai]

3.4.3 Comportamento tribológico

O comportamento tribológico dos compósitos MAed e SPSed Al/CNT é estudado em termos de Coeficiente de Fricção (CoF) e taxa de desgaste de acordo com ASTM G99. Para o estudo tribo, os pinos compostos de Al e Al/CNT MAed e SPSed são maquinados com ф6 mm de diâmetro e 10 mm de altura utilizando a maquinação por descarga eléctrica (EDM) e deslizam a seco contra o disco de aço EN31 (ϕ55 mm de diâmetro e 10 mm de espessura). O ensaio de desgaste é realizado para a carga aplicada de 5, 7 e 9 N e velocidade de deslizamento de 0,5, 0,75, 1 m/s a uma distância de deslizamento constante de 1000 m com o diâmetro da pista de 40 mm.

O CoF é medido utilizando a célula de carga colocada na viga cantilever do tribómetro pin-on-disc (*Modelo: DUCOM-TR20LE*) e a taxa de desgaste é derivada da perda de massa por desgaste, que é medida utilizando a balança com uma precisão de ±0,0001g. A superfície desgastada dos compósitos Al/CNT MAed e SPSed em diferentes condições é examinada utilizando o Microscópio Eletrónico de Varrimento (SEM) (*Modelo: Hitachi S-3400N*).

Figura 3.13 Vista fotográfica das amostras de pinos de ensaio de desgaste

Figura 3.14 Vista fotográfica da amostra de disco de ensaio de desgaste

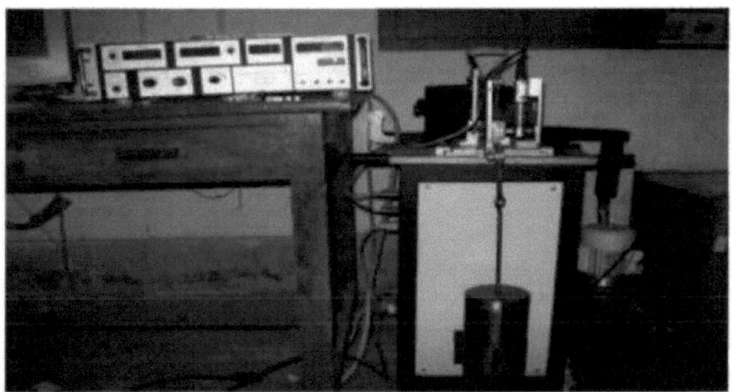

Figura 3.15 Aparelho Pin-on-Disk

[Faculdade de Engenharia de Guindy, Universidade de Anna, Chennai]

3.4.4 Comportamento de corrosão

O estudo da corrosão é efectuado para o compósito Al/CNT MAed e SPSed utilizando o método de névoa salina (análise qualitativa) e a espetroscopia de impedância eletroquímica (EIS) (análise quantitativa).

3.4.4.1 Análise da pulverização de sal

No método de pulverização de sal, as amostras são pulverizadas com solução de NaCl (3,5%) durante 20 dias em condições atmosféricas. As imagens SEM são tiradas para examinar o comportamento de corrosão do compósito Al/CNT pulverizado durante um intervalo de tempo regular. A perda de massa por corrosão medida no método de pulverização de sal não é significativa.

Figura 3.16 Configuração de pulverização de sal

[Faculdade de Engenharia de Guindy, Universidade de Anna, Chennai]

3.4.4.2 Análise de espetroscopia eletroquímica

A análise de espetroscopia eletroquímica é realizada com o sinal de tensão sinusoidal de amplitude 10 mV e gama de frequências entre 0,01 Hz - 65 kHz, que é medido utilizando um analisador de resposta em frequência (Modelo: *PGSTAT302N*; Marca: *Metrohm Autolab*).

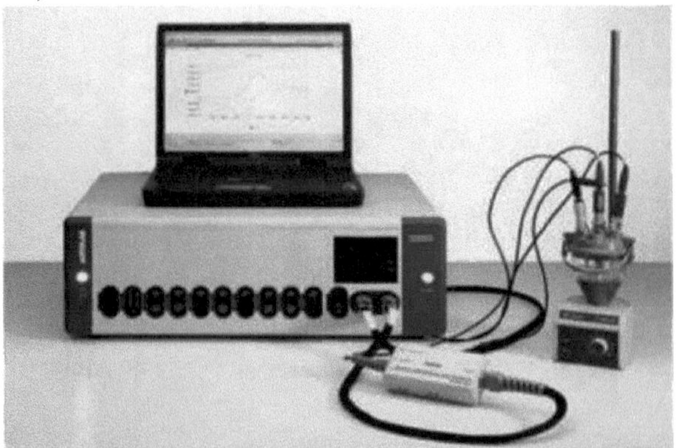

Figura 3.17 Aparelho de potencióstato

[Faculdade de Engenharia de Guindy, Universidade de Anna, Chennai]

O elétrodo de calomelano saturado (SCE) é utilizado como elétrodo de referência. O teste de polarização DC é efectuado a uma velocidade de varrimento de 0,07 mV/s para o potencial aplicado de -0,15 VSCE a 0,7 VSCE em relação ao ECorr. A área de superfície exposta é de cerca de 254 mm^2 . A taxa de corrosão é derivada do gráfico corrente vs potencial de tensão utilizando a equação (3.1).

Taxa de corrosão = (i_corr.M) / (p.F.n.) (3.1)

Onde, i_corr - Densidade de corrente de corrosão em ($A.cm^{-2}$), M - Massa molar ($g.mol^{-1}$), p - Densidade volumétrica ($g.cm^{-3}$), F - Constante de Faraday (96490 $C.mol^{-1}$) e n - Valência da reação de corrosão.

3.5 otimização de compostos de al/mwcnt

As respostas selecionadas para avaliar o desempenho dos compósitos Al/CNT MAed e SPSed são a dureza, a resistência à compressão, a taxa de desgaste, o CoF e a taxa de corrosão. Estas são influenciadas pelo reforço (CNT), pelas condições de moagem do pó (velocidade e tempo de moagem) e pelo STG. Os factores selecionados e os seus níveis estão tabelados na Tabela 3.1.

Com base na Tabela 3.1, a tabela de design L27 é selecionada para o Design de Experiências (DoE) com a adoção da metodologia RSM (Tabela 3.2). Os resultados experimentais são validados utilizando a ANOVA e são geradas as equações de regressão para as respostas. As condições ideais para atingir o desempenho ótimo dos compósitos Al/CNT MAed e SPSed são previstas com o apoio do MINITAB V17.

Tabela 3.1. Factores selecionados e respectivos níveis

Variável	Fator	Notação	Unidade	Gama	
				Baixa	Elevado
A	Material	CNT	*% em*	0.5	1.5

			peso		
B	Velocidade de fresagem	N	*rpm*	250	350
C	Tempo de fresagem	T	*minutos*	240	480
D	Gradiente de temperatura de sinterização	STG	-	0.65 (~450 °C)	0.85 (~550 °C)

Quadro 3.2 Conceção das experiências (DoE)

Correr	Branco	A	B	C	D
1	1	0	0	0	0
2	1	1	1	0	0
3	1	0	1	0	1
4	1	0	1	1	0
5	1	1	0	0	1
6	1	-1	0	0	-1
7	1	0	1	0	-1
8	1	-1	0	1	0
9	1	0	0	-1	-1
10	1	0	-1	1	0
11	1	-1	0	0	1
12	1	1	-1	0	0
13	1	-1	-1	0	0
14	1	0	0	1	1
15	1	0	0	0	0
16	1	0	-1	0	-1
17	1	-1	0	-1	0
18	1	1	0	-1	0
19	1	0	-1	0	1
20	1	1	0	0	-1
21	1	0	0	1	-1
22	1	0	-1	-1	0
23	1	0	1	-1	0
24	1	-1	1	0	0
25	1	0	0	-1	1
26	1	1	0	1	0
27	1	0	0	0	0

CAPÍTULO 4

RESULTADOS E DISCUSSÃO

4.1 COMPOSTOS DE Al/CNT LIGADOS MECANICAMENTE

4.1. 1Caracterização

4.1.1.1 Análise morfológica

A Figura 4.1 (a-c) evidencia a presença de CNT sem aglomeração no compósito Al/CNT fabricado utilizando a condição de liga mecânica, ou seja, velocidade de moagem de 300 rpm e tempo de moagem de 480 minutos.

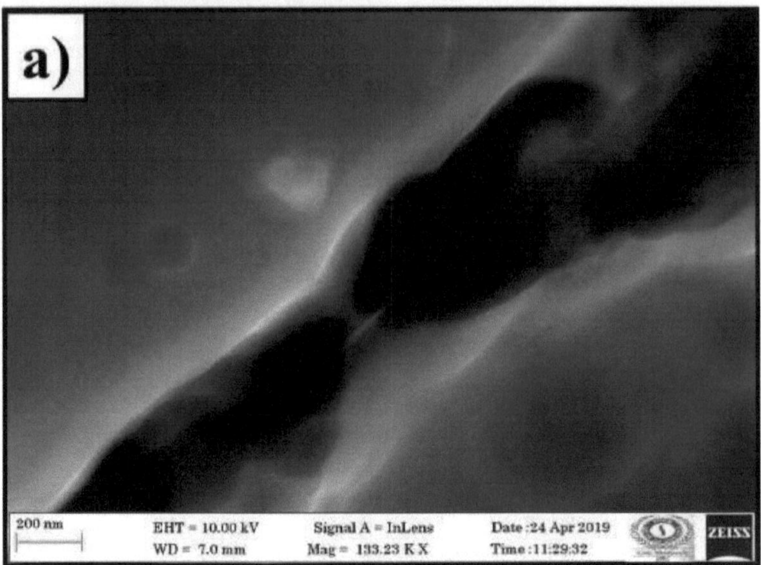

Figura 4.1 FESEM de (a) Al/CNT 0,5 wt. % Compósito

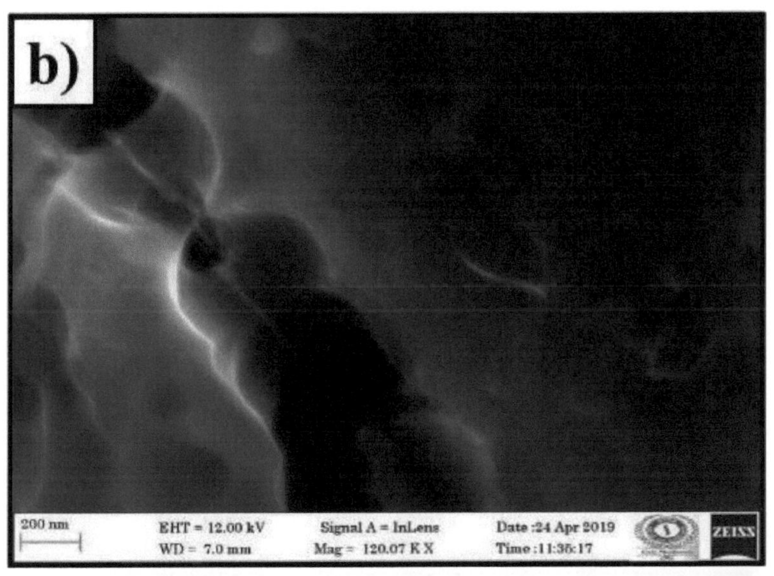

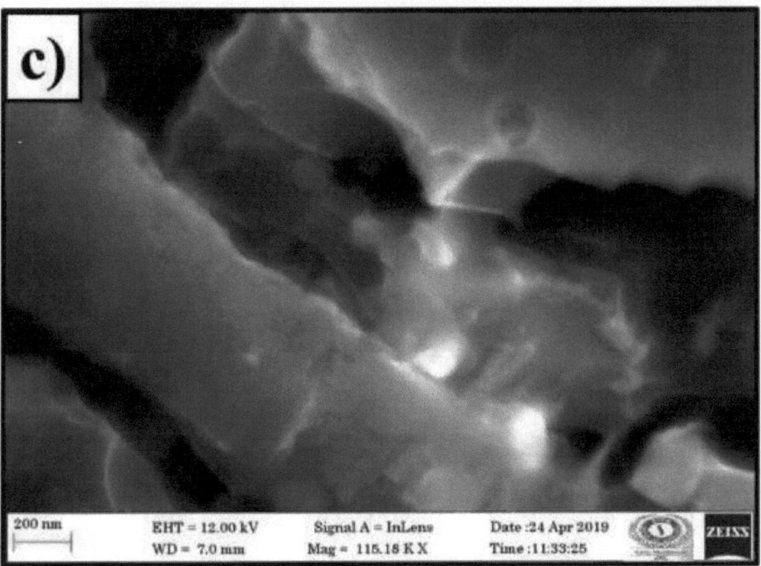

Figura 4.1 FESEM de (a) Al/CNT 0,5 wt. % Compósito

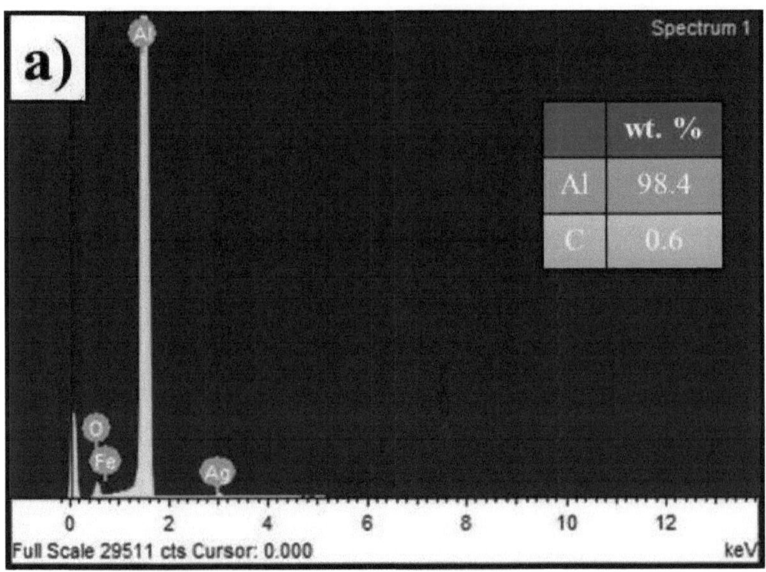

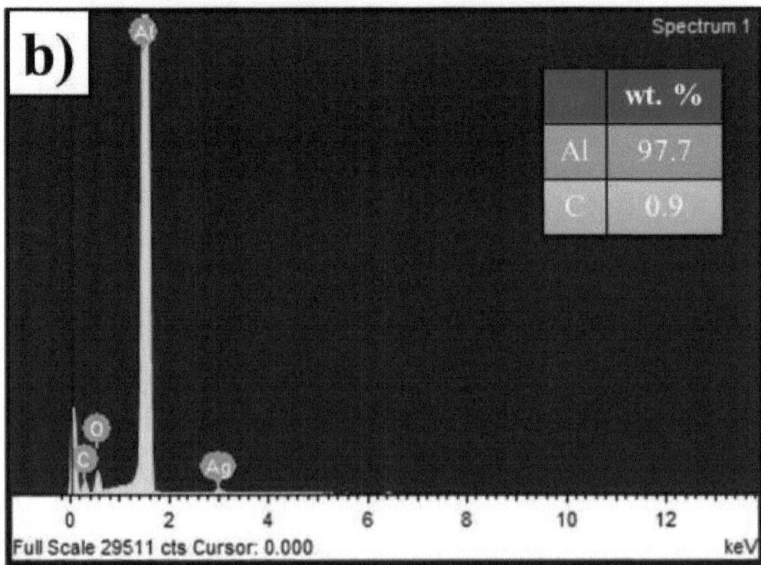

Figura 4.2 EDS de (a) Al/CNT 0,5 wt. % Compósito (b) Al/CNT 1,0 wt. %

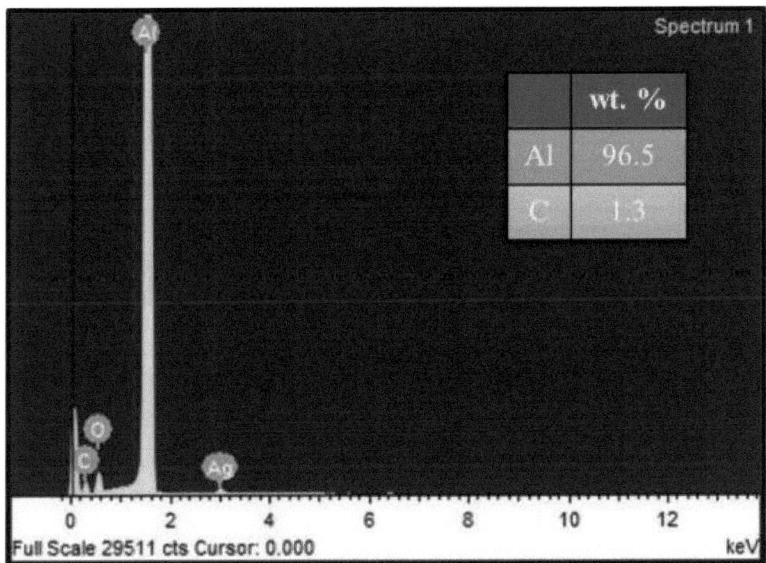

Figura 4.2 EDS de (a) Al/CNT 0,5 wt. % Compósito (b) Al/CNT 1,0 wt. % Compósito e (b) Al/CNT 1,5 wt. % Compósito (Contd.)

A composição dos elementos é analisada por EDS (Figura 4.2 (a1) e (b1)), o que confirma a percentagem de CNT nos compósitos. O tamanho médio dos grãos dos compósitos é medido, sendo de 138,2 nm para os compósitos Al/CNT1 wt. % e 173,4 nm para os compósitos Al/CNT1,5 wt. %.

4.1.1.2 Análise XRD

O gráfico XRD evidencia os grãos refinados dos compósitos Al/CNT através dos picos largos a 38,47°, 44,72° e 65,09° de 2θ. A forte orientação (111) é identificada no pico de 38,47°, o que mostra a correlação entre os grãos nos compósitos, ou seja, o fenómeno de Largura Total a Meio Máximo (FWHM). A formação de CNT reforçados com a matriz de Al a partir do pico de 26,55° para todos os compósitos Al/ CNT.

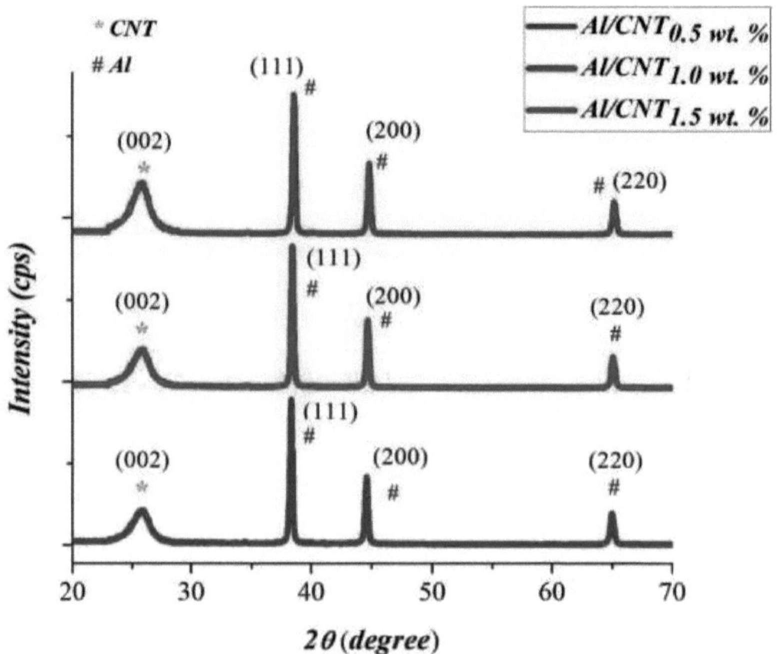

Figura 4.3 Gráfico de XRD dos compósitos Al/CNT processados por MA

Há um deslocamento do pico de CNT identificado em cerca de 0,35° com a rede (002), quando comparado com o JCPDS de CNT (cartão JCPDS: # 89-8487). O pico de CNT a 26,55° diminui de 0,5 para 1,5 wt. % de CNT, o que pode ser devido à diminuição do tamanho do grão e causar o refinamento do grão nos compósitos Al/ CNT.

4.1. 2Comportamento mecânico

4.1.2. 1Densidade

A Figura 4.4 mostra a densidade relativa dos compósitos Al/CNT. A adição de material de baixa densidade reduziu a densidade do compósito. A porosidade e os vazios podem ocorrer numa gama insignificante.

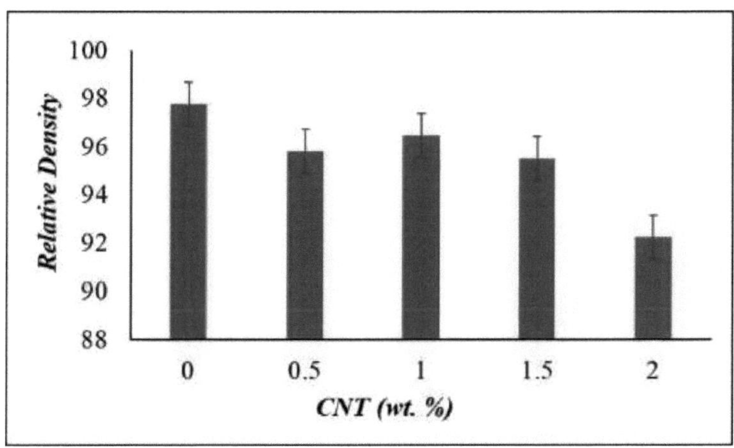

Figura 4.4 Densidade dos compósitos Al/CNT processados por MA

4.1.2.2 Dureza

A Figura 4.5 mostra a dureza dos compósitos Al/CNT. A microdureza da matriz de Al reforçada com CNT aumenta com o aumento do teor de CNT, mas diminui após a adição de 2 wt. % de CNT à matriz de Al. Esta observação deve-se à medição média efectuada sobre a superfície dos compósitos Al/CNT. Os CNT estão dispersos de forma homogénea na matriz de Al e induzem a melhoria da resistência mecânica através do refinamento do grão, enquanto se consideram os compósitos Al/CNT com 0,5 a 1,5 wt. % de reforço de CNT. Este fenómeno está de acordo com a relação Hall-Petch.

No caso do compósito Al/CNT 2 wt. %, as partículas de CNT estão aglomeradas e resultam num comportamento plástico do compósito Al/CNT 2 wt. %. Por conseguinte, a leitura da microdureza na zona aglomerada é menor em comparação com as outras.

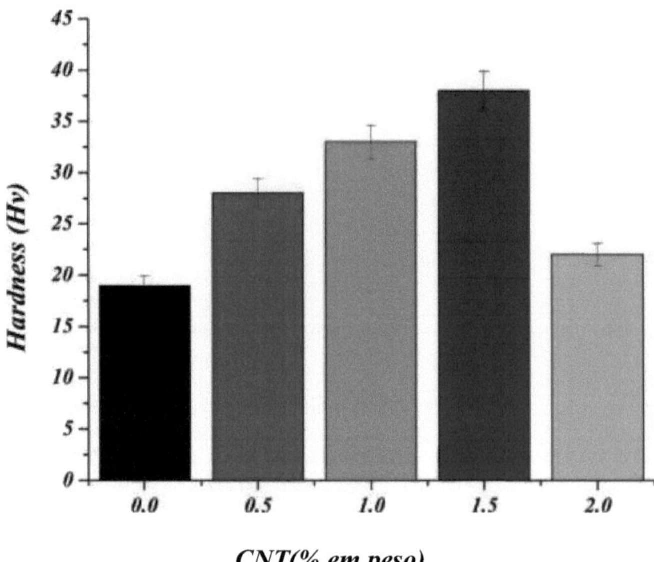

Figura 4.5 Dureza dos compósitos Al/CNT processados por MA

4.1.2.3 Resistência à compressão

A Figura 4.6 mostra a resistência à compressão dos compósitos Al/CNT. Observa-se que a resistência à compressão dos compósitos Al/CNT aumenta com o aumento da partícula de CNT e a resistência máxima à compressão é obtida para o compósito Al/CNT1 wt. % ~ 110 MPa.

A adição de CNT aumenta a ligação interior das partículas de Al, o que aumenta a resistência à compressão do compósito Al/CNT. A adição de CNT superior a 1 wt. % diminui a resistência à compressão dos compósitos Al/CNT devido à transformação da fase dúctil em fase frágil.

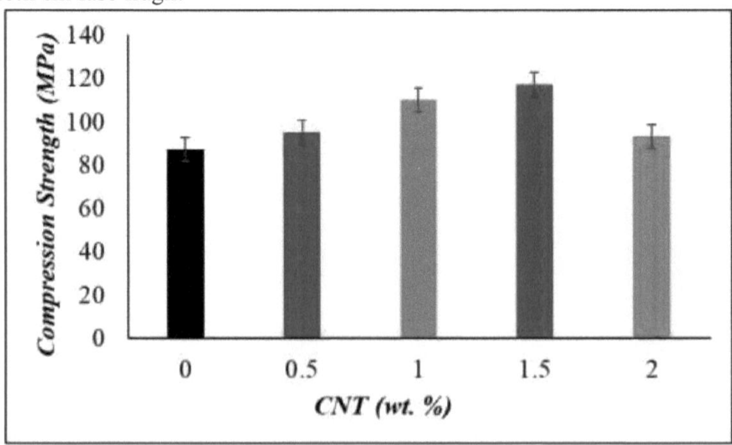

Figura 4.6 Resistência à compressão dos compósitos Al/CNT processados por MA

4.1.3Comportamento tribológico

4.1.3. 1Taxa de desgaste

As figuras 4.7 e 4.8 mostram o desgaste dos compósitos Al/CNT em relação a diferentes cargas aplicadas e velocidades de deslizamento. A taxa de desgaste mínima de 27,8 x 10^{-6} g/m é obtida para o compósito Al/CNT 1 wt. % a um nível médio de parâmetros de liga mecânica. A taxa de desgaste diminui com o aumento da partícula de CNT para os compósitos Al/CNT. Este fenómeno deve-se ao efeito de amortecimento dos CNT até 1 wt. % e, a partir daí, os CNT começam a fluir em direção à contraparte.

Os CNT desempenham um papel importante no comportamento de desgaste, fornecendo a camada tribo lubrificante para os compósitos SPSed Al/CNT. O efeito da temperatura de sinterização refinou os grãos dos compósitos MAed Al/CNT, o que melhorou a sua dureza. Esta consequência resulta numa diminuição da taxa de desgaste, o que está de acordo com o modelo de desgaste de Archard.

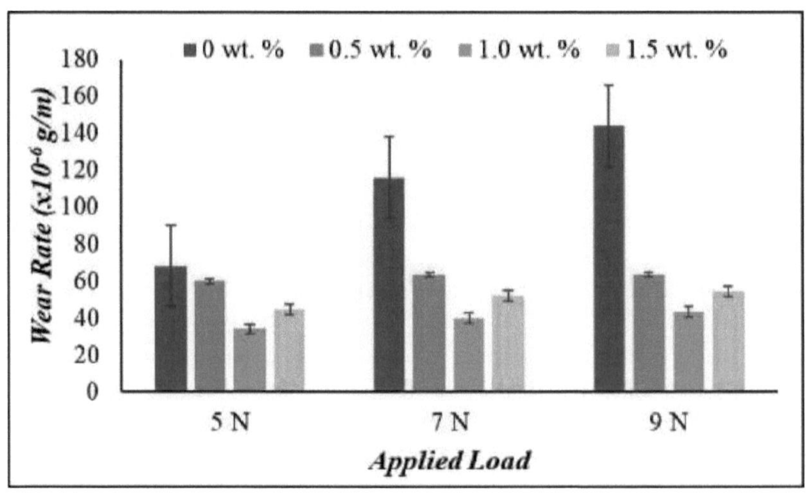

Figura 4.7 Taxa de desgaste dos compósitos Al/CNT processados por MA em função da carga aplicada

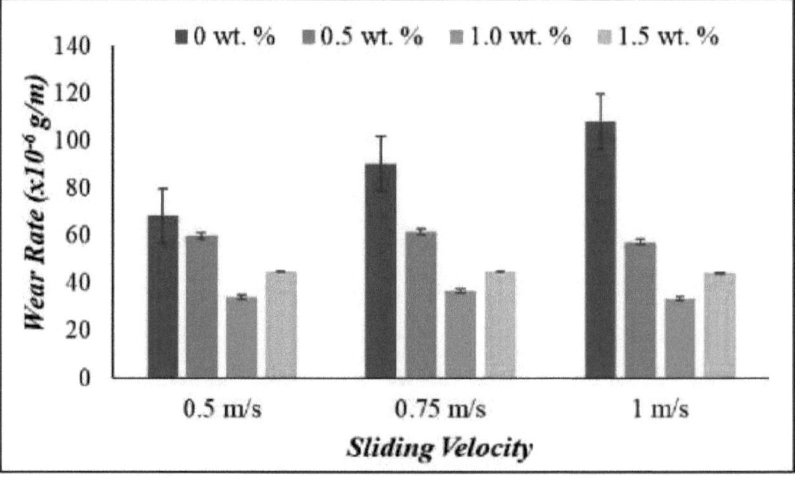

4.1.3.2 Coeficiente de atrito (CoF)

As figuras 4.9 e 4.10 mostram o CoF dos compósitos Al/CNT em relação a diferentes cargas aplicadas e velocidades de deslizamento. O desgaste é diretamente proporcional ao atrito. O CoF dos compósitos Al/CNT diminui com o aumento de CNT até 1 wt. % e 500 °C de temperatura de sinterização, atingindo um CoF mínimo de cerca de 0,196. A adição de CNT à matriz de Al proporcionou uma camada lubrificante, ou seja, uma camada tribo, que se formou devido à banda mecânica mista na interface dos CNT e da matriz de Al [30]. Além disso, o CoF aumenta para o compósito MAed A1/CNT1,5 wt. % sinterizado a 550 °C devido ao aglomerado de CNT, que proporciona um efeito de não amortecimento à contraparte. Relativamente ao parâmetro tribo, o aumento da carga aplicada aumentou o CoF e atingiu o CoF máximo de cerca de 0,56 para o compósito SPSed Al/CNT0,5 wt. % sinterizado a 450°C, que é inferior ao CoF da matriz SPSed Al. Este fenómeno deve-se ao facto de o aumento da carga aplicada aumentar a força de resistência e tender a gerar um maior atrito na interface tribo.

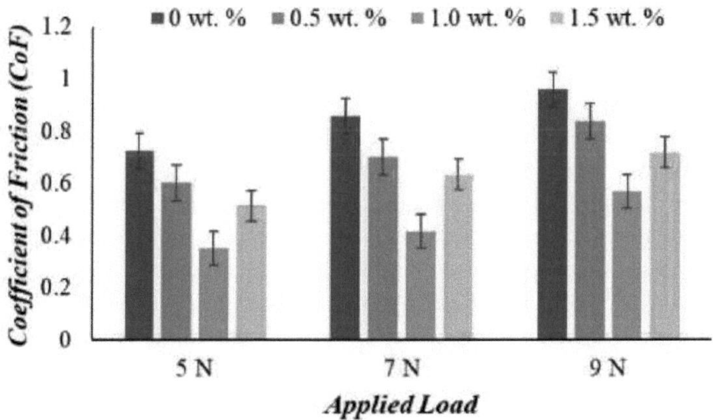

Figura 4.9 Coeficiente de atrito dos compósitos Al/CNT processados por MA em função da carga aplicada

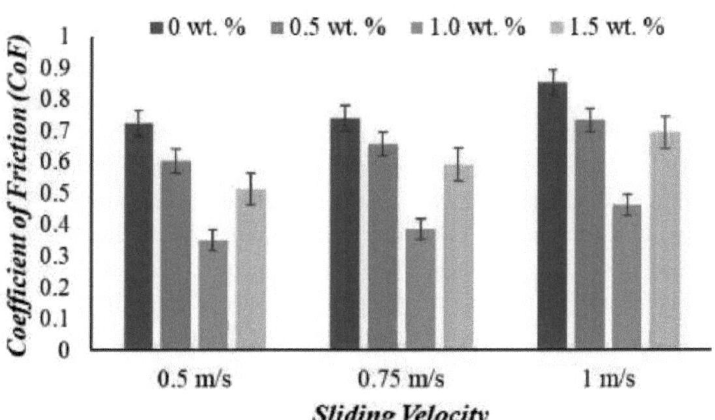

Figura 4.10 Coeficiente de atrito dos compósitos Al/CNT processados por MA em função da velocidade de deslizamento

4.1.3.3 Análise da superfície desgastada

A deformação elástica armazenada na matriz durante o processo de fresagem a alta velocidade de fresagem melhora a plasticidade na superfície tribo. O CoF aumenta com o aumento da velocidade de fresagem a uma velocidade de deslizamento elevada, o que se deve ao facto de as ranhuras iniciarem o elevado calor de fricção na superfície do tribo e resultarem na formação de pites. O material removido das cavidades é aderido à superfície tribo e, posteriormente, os adesivos são removidos da superfície tribo.

A taxa de desgaste aumenta com o aumento da carga aplicada e da velocidade de deslizamento para todos os compósitos de Al/CNT ligados mecanicamente. A taxa de desgaste do compósito Al/CNT1 % em peso é mínima em condições de carga baixa (carga aplicada baixa e velocidade de deslizamento baixa), e registou um desgaste ligeiro, o que é evidenciado na Figura 11 (a). Em condições de carga elevada (carga aplicada elevada e velocidade de deslizamento elevada), a taxa de desgaste do compósito Al/CNT1wt. % é máxima e registou um desgaste severo, o que é evidenciado na Figura 11 (b).

Os parâmetros tribológicos carga aplicada e velocidade de deslizamento influenciam o mecanismo de desgaste, que controla a taxa de desgaste. Com o aumento dos CNT e da carga aplicada a uma velocidade de deslizamento constante, a superfície tribo do compósito Al/CNT sofre um fluxo plástico de material (Figura 11 (c)) e, com o aumento da carga aplicada, a superfície tribo sofre uma deformação plástica grave (Figura 11 (d)). Com o aumento dos CNT e da velocidade de deslizamento a uma carga aplicada constante, a superfície tribo do compósito Al/CNT sofre um ligeiro desgaste abrasivo devido ao efeito das partículas cerâmicas (Figura 11 (e)) e, com o aumento da velocidade de deslizamento, a superfície tribo é delaminada (Figura 11 (f)). Isto também resulta num aumento do CoF, que é observado a partir dos resultados quantitativos.

Para além dos parâmetros tribológicos, o reforço cerâmico pode controlar o mecanismo de desgaste dos compósitos de Al. O resultado quantitativo indica que a taxa de desgaste diminui até 1 wt. % de adição de CNT aos compósitos Al/CNT, o que está de acordo com a Figura 5 (c) e a Figura 5 (e). Relativamente ao CoF, a adição de CNT diminui o CoF mas aumenta com a velocidade de deslizamento. A velocidade de deslizamento influencia mais o CoF do que a cerâmica de CNT na superfície da tribo.

A influência da velocidade de moagem no comportamento de desgaste dos compósitos Al/CNT sob diferentes condições de carga é evidenciada pela morfologia da superfície desgastada (Figura 11 (a-d)). A taxa de desgaste diminui com o aumento da velocidade de moagem a um teor constante de CNT, tempo de moagem e condição de carga. Isto deve-se ao facto de a tensão elástica armazenada na matriz durante o processo de fresagem a alta velocidade de fresagem melhorar a plasticidade na superfície tribo, o que resulta num efeito de amortecimento para a contraparte na superfície tribo em condições de carga baixa. A taxa de desgaste diminui com o aumento do tempo de fresagem a uma carga aplicada e velocidade de deslizamento constantes para o compósito Al/CNT1wt.

Este fenómeno deve-se ao efeito de cisalhamento gerado pela força centrífuga das esferas de WC, que quebra as partículas da mistura Al/CNT durante o processo de moagem. O efeito de cisalhamento refina os grãos das partículas da mistura Al/CNT e tende a evitar o desgaste por atrito.

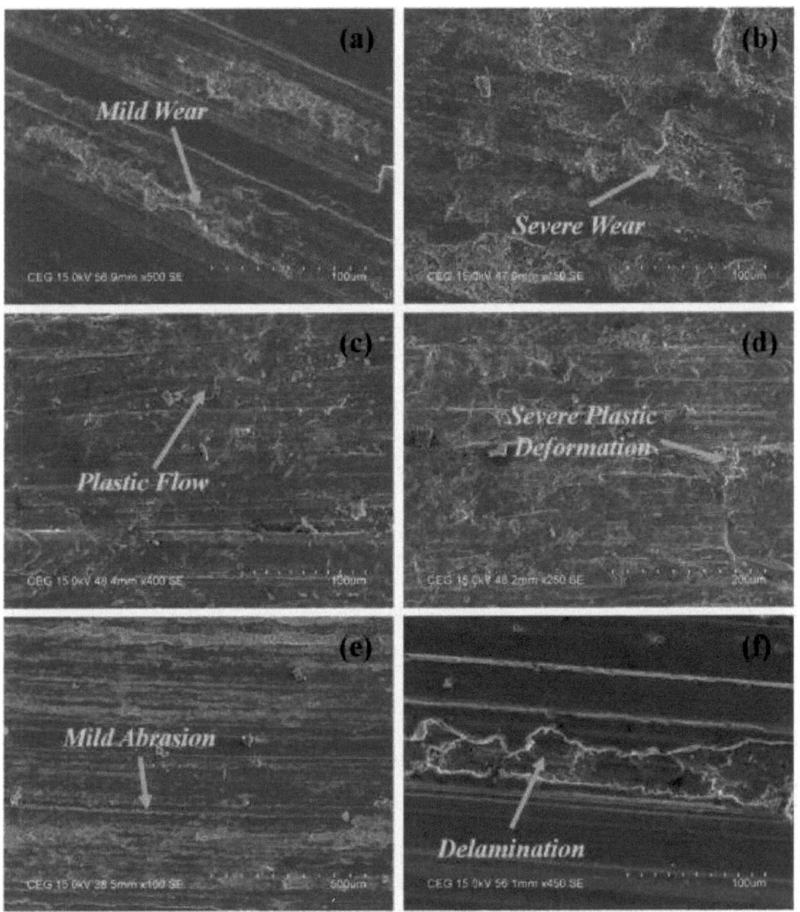

Figura 4.11. Morfologia da pista de desgaste do pino Al/CNT em (a) condição de carga baixa, (b) condição de carga alta, (c) carga aplicada baixa, (d) carga aplicada alta, (e) velocidade de deslizamento baixa e (f) velocidade de deslizamento alta

4.1.4Comportamento de corrosão

4.1.4. 1Taxa de corrosão

A taxa de corrosão aumenta com a adição de CNT. O efeito Zener é identificado até 1 wt. % de adição de CNT. A resistência à polarização aumenta com a adição de CNT. A curva de polarização para o compósito ótimo Al/CNT1.$_{1\ wt.\ \%}$ após a imersão de 20 dias é traçada com os valores de 78 iterações. O valor $_{Ecorr}$ registado é de -317,110 *mV* e o valor $_{Icorr}$ é de 26,3070 *nA* para a curva de polarização. A partir dos declives de Tafel nos ramos anódico e catódico, os valores de Pa e pb são calculados como -4,8488 *V/dec* e 1,0546 *V/dec.* De acordo com a equação de Stern Geary, a resistência à polarização é calculada como 22,249 *MQ* e, utilizando a lei de Faraday, a taxa de corrosão é calculada como 0,000285 mm/ano. Uma vez que os valores de Ecorr e Icorr são inferiores a 0,001, a corrosão é considerada negligenciável.

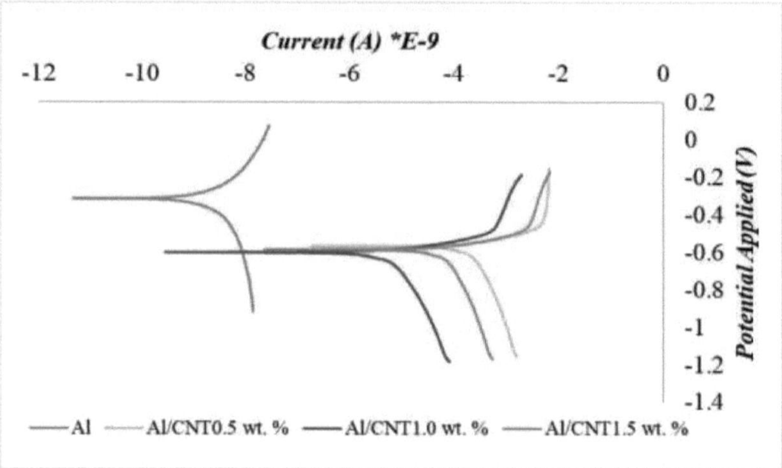

Figura 4.12 Gráfico de polarização dos compósitos Al/CNT processados por MA

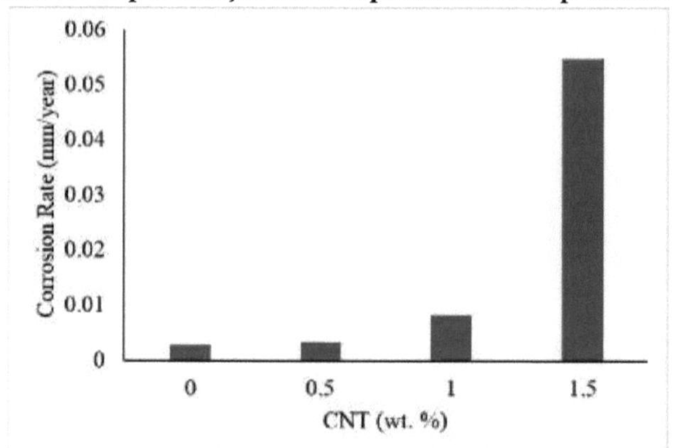

Figura 4.13 Comportamento à corrosão dos compósitos Al/CNT processados por MA

4.1.4.2 Análise da superfície corroída

O comportamento de corrosão do compósito Al/CNT1 wt. % na condição de liga mecânica óptima é examinado durante 5, 10, 15 e 20 dias utilizando o SEM (Figura 4.14). A corrosão ocorre em quatro fases para o compósito Al/CNT, o que é evidenciado pelo estudo de corrosão. A oxidação ocorre no início do ensaio de corrosão na superfície do Al, o que é evidenciado na Figura 4.14(a). O Al reage com os óxidos atmosféricos e forma micropoços na superfície do compósito [40]. Com o aumento da duração da imersão, as partículas de CNT nos limites das partículas e grãos de Al começam a reagir rapidamente e iniciam a corrosão intergranular [41], o que é evidenciado na Figura 14(b). Além disso, a taxa de corrosão aumenta gradualmente e forma estruturas semelhantes a covinhas nos limites dos grãos. A formação de covinhas é rápida após 5 dias de imersão e prolonga-se gradualmente após 10 dias de imersão em solução de NaCl (Figura 4.14 (c)). A taxa de corrosão ao vigésimo dia é saturada para o compósito Al/CNT1,1 % em peso (Figura 4.14(d)), o que se deve à redução dos CNT activos e à presença de uma camada preventiva de óxido de Al na superfície do compósito Al/CNT1,1 % em peso.

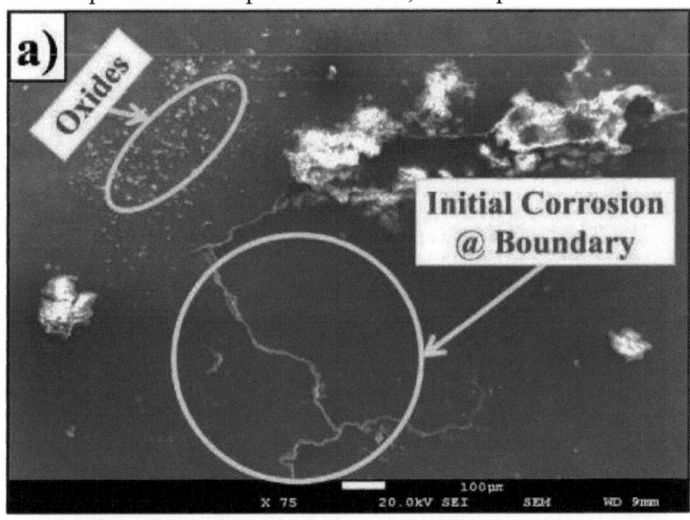

Figura 4.14 Comportamento à corrosão de compósitos Al/CNT processados por MA (a) Al (b) Al/CNT0.5 wt. % (c) Al/CNT1 wt. % (d) Al/CNT1.5 wt. %

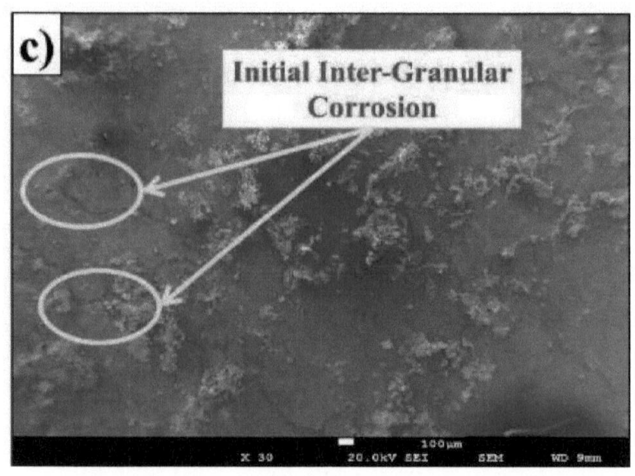

Figura 4.14 Comportamento à corrosão de compósitos Al/CNT processados por MA (a) Al (b) Al/CNT0.5 wt. % (c) Al/CNT1 wt. % (d) Al/CNT1.5 wt. % (Contd.)

4.2 otimização do processo de fabrico de Al/CNT COMPOSTOS

4.2. 1Análise experimental

Com base no DoE (Quadro 3.2), as experiências são efectuadas para MAed Al/CNT e tabuladas na Tabela 4.1.

Tabela 4.1 Resultados experimentais

Correr Encomendar	CNT (% em peso)	Velocidade de fresagem (rpm)	Fresagem Tempo (minutos)	STG	Dureza (HV)	Resistência à compressão (MPa)	Taxa de desgaste (x 10'6 g/m)	CoF	Taxa de corrosão (mm/ano)
1	1	300	360	0.75	35	122	34.1	0.35	0.0082
2	1.5	350	360	0.75	39	126	49.9	0.498	0.049
3	1	350	360	0.85	36	123	35.6	0.39	0.0099
4	1	350	480	0.75	34	120	43.5	0.327	0.0086
5	1.5	300	360	0.85	41	133	50.9	0.367	0.069
6	0.5	300	360	0.65	21.5	86	87.2	0.782	0.0079
7	1	350	360	0.65	22.5	88	85.3	0.739	0.026
8	0.5	300	480	0.75	30	105	61.9	0.585	0.0051
9	1	300	240	0.65	22	87	86.4	0.765	0.023

Tabela 4.1 Resultados experimentais (Contd.)

Correr Encomendar	CNT (% em peso)	Velocidade de fresagem (rpm)	Tempo de moagem (minutos)	STG	Dureza (HV)	Resistência à compressão (MPa)	Taxa de desgaste (x 10'6 g/m)	CoF	Taxa de corrosão (mm/ano)
10	1	250	480	0.75	32	112	55.9	0.354	0.0092
11	0.5	300	360	0.85	25	93	80.6	0.665	0.0075
12	1.5	250	360	0.75	38	125	64.2	0.583	0.056
13	0.5	250	360	0.75	26	95	78.1	0.639	0.0071
14	1	300	480	0.85	37	124	36.8	0.459	0.013
15	1	300	360	0.75	35	122	34.1	0.35	0.0082

16	1	250	360	0.65	23	89	84.6	0.718	0.029
17	0.5	300	240	0.75	28	101	60.4	0.658	0.0065
18	1.5	300	240	0.75	40	130	48.8	0.552	0.063

Tabela 4.1 Resultados experimentais (Contd.)

Correr Encomendar	**CNT (% em peso)**	**Velocidade de fresagem (rpm)**	**Fresagem Tempo (minutos)**	**STG**	**Dureza (HV)**	**Resistência à compressão (MPa)**	**Taxa de desgaste (x $10^{'6}$ g/m)**	**CoF**	**Taxa de corrosão (mm/ano)**
19	1	250	360	0.85	23.5	90	83.1	0.691	0.017
20	1.5	300	360	0.65	25.5	94	79.7	0.661	0.071
21	1	300	480	0.65	24	91	81.5	0.671	0.02
22	1	250	240	0.75	31	110	57.9	0.435	0.0096
23	1	350	240	0.75	33	118	45.2	0.363	0.0089
24	0.5	350	360	0.75	27	98	66.4	0.624	0.0058
25	1	300	240	0.85	24.5	92	82.7	0.683	0.015
26	1.5	300	480	0.75	42	135	43.6	0.505	0.041
27	1	300	360	0.75	35	122	34.1	0.35	0.0082

4.2.2 Análise residual

O gráfico de normalidade é gerado para os resíduos das respostas e apresentado na Figura 4.15 (a-e). Mostra que os resíduos das respostas se situam numa linha reta com menos desvios para intervalos regulares, o que revela que as amostras (pistas) são apontadas com um padrão não linear regular e que cobrem os limites (níveis) das variáveis (factores).

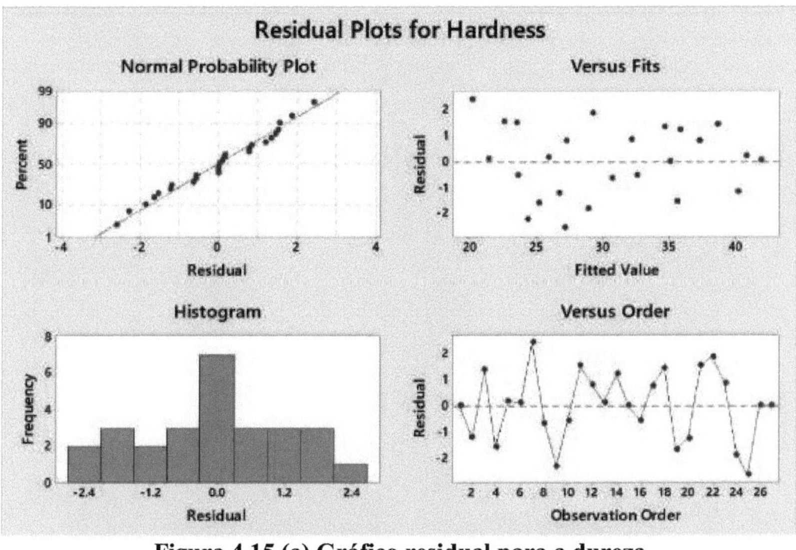

Figura 4.15 (a) Gráfico residual para a dureza

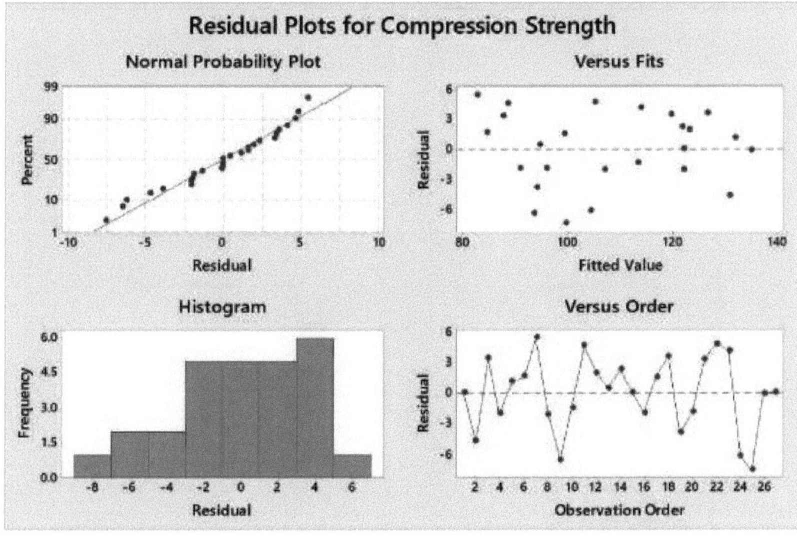

Figura 4.15 (b) Gráfico de resíduos para a resistência à compressão

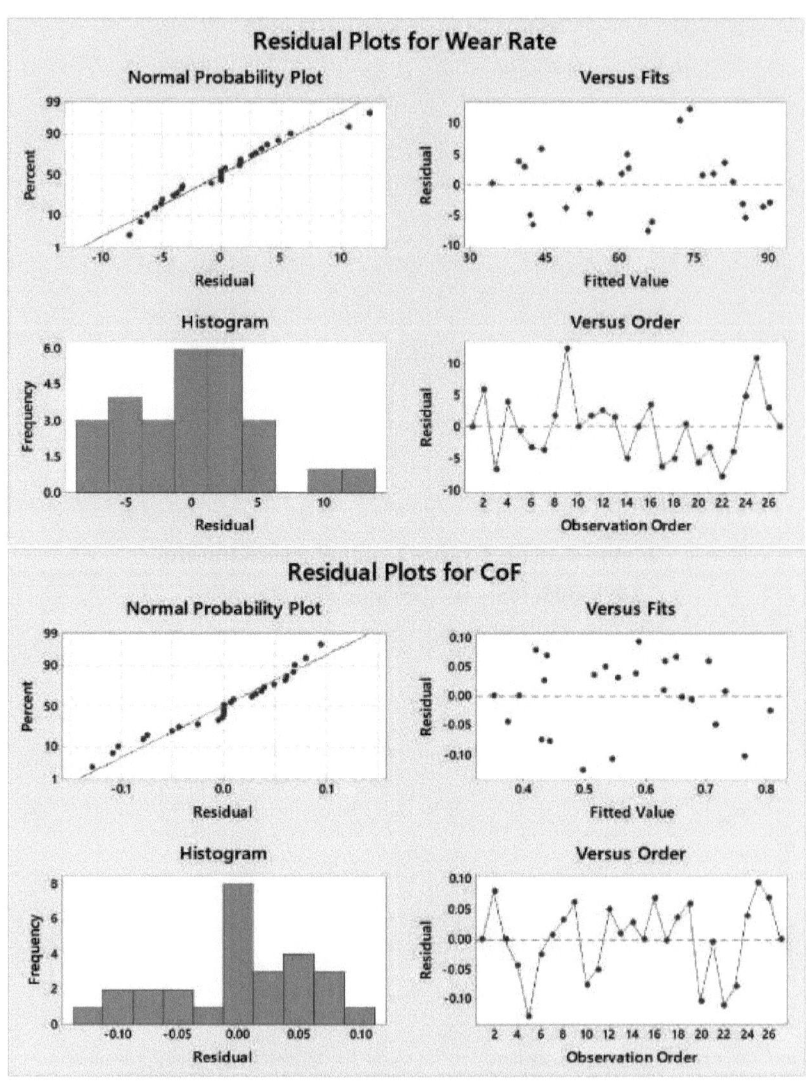

Figura 4.15 (d) Gráfico de resíduos para CoF

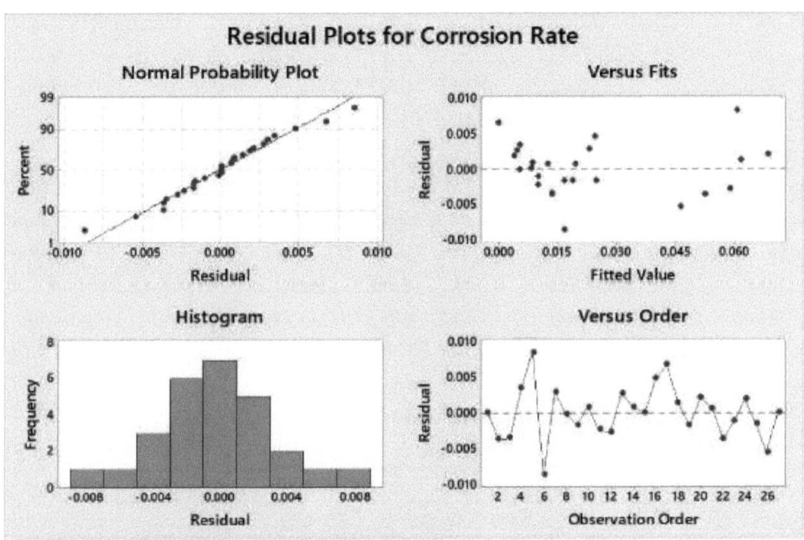

4.2.3 Modelo de regressão para as respostas

Os modelos de regressão de segunda ordem gerados para as respostas estão representados na Equação (4.1-4.5). A adequação dos modelos de regressão é tabulada na Tabela 4.2 com R^2 e R^2 $_{(adj)}$ respeitados, que são superiores a 99 % e 98 %, respetivamente.

*Dureza = -246,6 - 34,8 CNT + 0,047 Velocidade de fresagem - 0,1227 Tempo de fresagem + 763 STG + 0,58 CNT*CNT - 0,000842 Velocidade de fresagem*Velocidade de fresagem - 0,000038 Tempo de fresagem*Tempo de fresagem - 704.2 STG*STG + 0,0000 CNT*Velocidade de fresagem + 0,0000 CNT*Tempo de fresagem + 60,0 CNT*STG + 0,000000 Velocidade de fresagem*Tempo de fresagem + 0,650 Velocidade de fresagem*STG + 0,2188 Tempo de fresagem*STG (4.1)*

*Resistência à compressão = -691 - 66,0 CNT + 0,302 Velocidade de fresagem - 0,295 Tempo de fresagem + 2089 STG - 11,00 CNT*CNT - 0,002450 Velocidade de fresagem*Velocidade de fresagem - 0,000156 Tempo de fresagem*Tempo de fresagem - 1913 STG*STG - 0.020 CNT*Velocidade de fresagem + 0,0042 CNT*Tempo de fresagem + 160,0 CNT*STG + 0,000000 Velocidade de fresagem*Tempo de fresagem + 1,700 Velocidade de fresagem*STG + 0,583 Tempo de fresagem*STG (4,2)*

*Taxa de desgaste = 1433 - 33,7 CNT - 1,231 Velocidade de fresagem + 0,303 Tempo de fresagem - 3120 STG + 59,3 CNT*CNT + 0,00483 Velocidade de fresagem*Velocidade de fresagem + 0,000447 Tempo de fresagem*Tempo de fresagem + 2766 STG*STG - 0.026 CNT*Velocidade de fresagem - 0,0279 CNT*Tempo de fresagem - 111,0 CNT*STG + 0,000013 Velocidade de fresagem*Tempo de fresagem - 2,410 Velocidade de fresagem*STG - 0,854 Tempo de fresagem*STG (4,3)*

*CoF = 10,70 - 0,444 CNT - 0,0004 Velocidade de fresagem - 0,00144 Tempo de fresagem - 24,58 STG + 0,574 CNT*CNT + 0,000019 Velocidade de* *fresagem*Velocidade de fresagem + 0,000003 Tempo de fresagem*Tempo de fresagem + 20.25 STG*STG - 0,00070 CNT*Velocidade de fresagem + 0,000108 CNT*Tempo de fresagem - 0,885 CNT*STG + 0,000002 Velocidade de fresagem*Tempo de fresagem - 0,01610 Velocidade de fresagem*STG - 0,00271 Tempo de fresagem*STG (4,4)*

*Taxa de corrosão = 10,70 - 0,444 CNT - 0,0004 Velocidade de fresagem - 0,00144 Tempo de fresagem - 24,58 STG + 0,574 CNT*CNT + 0,000019 Velocidade de fresagem*Velocidade de fresagem + 0,000003 Tempo de fresagem*Tempo de fresagem + 20.25 STG*STG - 0,00070 CNT*Velocidade de fresagem + 0,000108 CNT*Tempo de fresagem - 0,885 CNT*STG + 0,000002 Velocidade de fresagem*Tempo de fresagem - 0,01610 Velocidade de fresagem*STG - 0,00271 Tempo de fresagem*STG (4,5)*

Tabela 4.2 Adequação dos modelos de regressão

S.N.	Resposta	R^2	$R^2(adj)$
1.	Dureza	95.83%	90.96%
2.	Resistência à compressão	95.27%	89.74%
3.	Taxa de desgaste	93.23%	85.32%
4.	CoF	94.10%	85.55%
5.	Taxa de corrosão	93.10%	84.55%

4.2.4 Análise de variância (ANOVA)

A análise de variâncias (ANOVA) é efectuada para identificar a contribuição dos factores de influência nas respostas e para confirmar o nível de significância. A ANOVA para as respostas está tabulada na Tabela 4.3 - 4.7. Os valores P para todas as respostas são inferiores aos valores F e 0,05, o que mostra que o nível de significância é superior a 95 %.

Tabela 4.3 ANOVA para a dureza

Fonte	DF	Adj SS	Adj EM	Valor F	Valor P
Modelo	14	1062.41	75.887	19.68	0.000
Linear	4	643.37	160.844	41.71	0.000
Quadrado	4	313.23	78.307	20.31	0.000
Interação bidirecional	6	105.81	17.635	4.57	0.012
Erro	12	46.27	3.856		
Total	26	1108.69			

Tabela 4.4 ANOVA para resistência à compressão

Fonte	DF	Adj SS	Adj EM	Valor F	Valor P
Modelo	14	6743.58	481.68	17.25	0.000
Linear	4	3894.17	973.54	34.86	0.000
Quadrado	4	2107.17	526.79	18.87	0.000

Interação bidirecional	6	742.25	123.71	4.43	0.014
Erro	12	335.08	27.92		
Total	26	7078.67			

Tabela 4.5 ANOVA para a taxa de desgaste

Fonte	DF	Adj SS	Adj EM	Valor F	Valor P
Modelo	14	8944.36	638.88	11.80	0.000
Linear	4	3391.91	847.98	15.66	0.000
Quadrado	4	4415.24	1103.81	20.38	0.000
Interação bidirecional	6	1137.21	189.53	3.50	0.031
Erro	12	649.91	54.16		
Total	26	9594.27			

Quadro 4.6 ANOVA para o CoF

Fonte	DF	Adj SS	Adj EM	Valor F	Valor P
Modelo	14	0.502323	0.035880	4.53	0.006
Linear	4	0.193783	0.048446	6.12	0.006
Quadrado	4	0.268661	0.067165	8.49	0.002
Interação bidirecional	6	0.039879	0.066646	0.84	0.035
Erro	12	0.094971	0.077914		
Total	26	0.597294			

Tabela 4.7 ANOVA para a taxa de corrosão

Fonte	DF	Adj SS	Adj EM	Valor F	Valor P
Modelo	14	0.502323	0.035880	4.53	0.006
Linear	4	0.193783	0.048446	6.12	0.006
Quadrado	4	0.268661	0.067165	8.49	0.002
Interação bidirecional	6	0.039879	0.066646	0.84	0.036
Erro	12	0.094971	0.007914		
Total	26	0.597294			

4.2.5 Otimização

A otimização é realizada utilizando a técnica RSM para os compósitos Al/CNT ligados mecanicamente com base nas propriedades mecânicas, tribológicas e de corrosão e o resultado está representado na Figura 4.16. Os resultados óptimos obtidos são experimentados e validados. Os resultados validados são apresentados na Tabela 4.8.

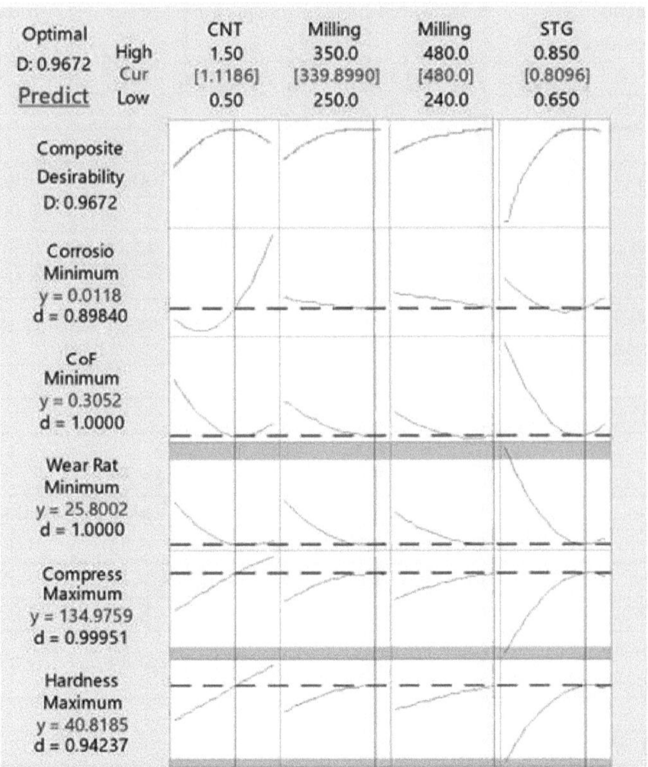

Figura 4.16 Gráfico ótimo para o compósito Al/CNT processado por MA

Quadro 4.8 Validação dos resultados óptimos

S. Não.	**Resposta**	**Unidade**	**Valor ótimo**		**Desvio**
			Teórico	Experimental	
1.	Dureza	HV	40.82	42.15	3.16%
2.	Resistência à compressão	MPa	134.98	129.28	4.41%
3.	Taxa de desgaste	g/m	25.8×10^{-6}	26.87×10^{-6}	3.98%
4.	CoF	-	0.3052	0.2919	4.56%
5.	Taxa de corrosão	mm/ano	0.0118	0.0123	4.07%

O compósito ótimo MAed Al/CNT1.1 wt. % à velocidade de moagem de 340 rpm, tempo de moagem de 480 minutos e STG 0.8 alcançou a resposta óptima de dureza 42.15 HV, resistência à compressão 129.28 MPa, taxa de desgaste 26.87×10^{-6} g/m, CoF 0.2919 e taxa de corrosão 0.0123 mm/ano. A comparação dos resultados teóricos e experimentais na condição óptima mostra um desvio inferior a 5 %, o que confirma os 95 % de significância.

4.3 COMPOSTOS DE Al/CNT SINTERIZADOS POR PLASMA DE FOGO

4.3.1 Caracterização

4.3.1.1 Análise morfológica

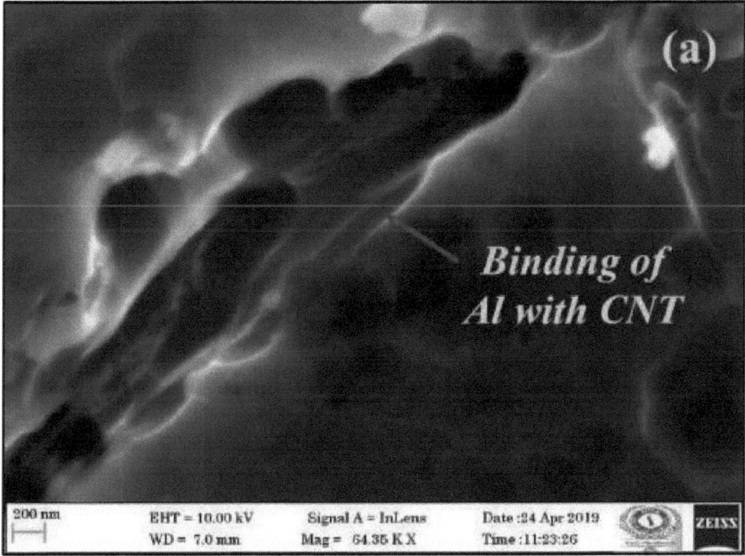

Figura 4.17 Imagens FESEM de compósitos de Al/CNT sinterizados com SPS com CNT variável (a) 0,5 wt. %, (b) 1 wt. % e (c) 1,5 wt. % à temperatura de sinterização de 500 °C

As imagens FESEM (Figura 4.17) mostram o efeito dos CNT na morfologia da superfície e confirmam a presença e a distribuição de CNT com várias paredes (estrutura branca brilhante semelhante a um cabelo) sobre o compósito Al/CNT obtido por SPS a 500 °C. Uma dispersão regular e homogénea de CNT aumenta com o aumento da adição de CNT e, além disso, conduz à aglomeração, o que é evidenciado na Figura 4.17 (c). Esta aglomeração deve-se à força de Van der Waals entre a superfície cilíndrica das paredes dos CNT.

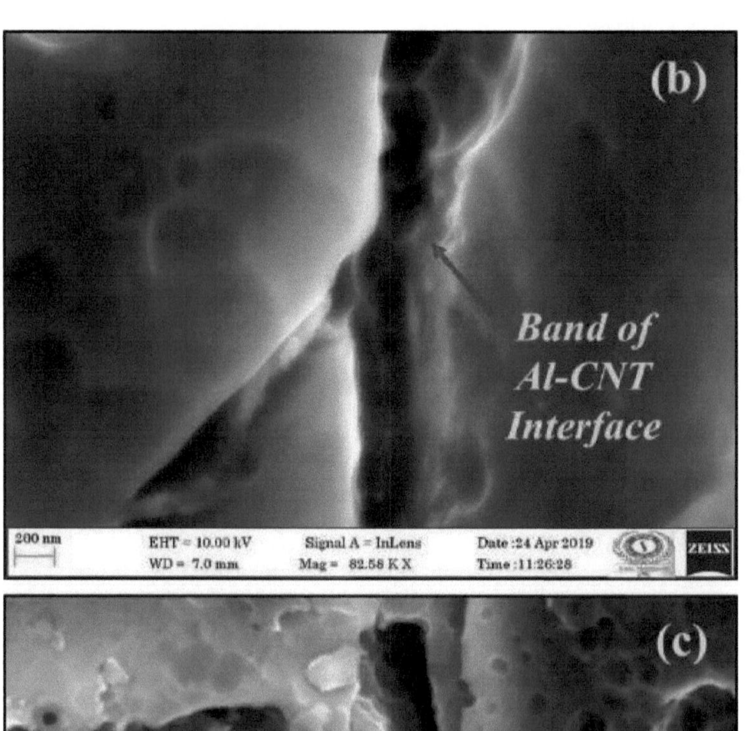

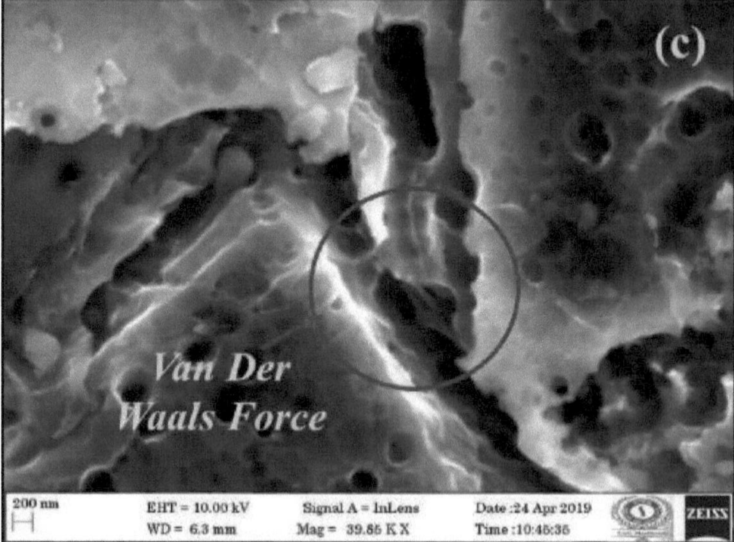

A Figura 4.18 (b) mostra uma banda na interface de Al e CNT 1wt. %, que é mais espessa do que a banda de Al e CNT 0,5wt. % (Figura 4.18 (a)). Esta banda é uma camada mecanicamente mista, que pode atuar como uma camada lubrificante sólida durante o deslizamento do compósito Al/CNT.

Figura 4.18 Imagens SEM de compósitos de Al/CNT1 em % em peso sinterizados com diferentes temperaturas de sinterização (a) 450 °C (b) 500 °C e (c) 550 °C

A Figura 4.18 mostra o efeito da temperatura de sinterização na estrutura do grão dos compósitos Al/CNT. O tamanho do grão estável (Figura 4.18 (a)) aumenta com o aumento da temperatura de sinterização devido à absorção de calor nos limites do grão, ou seja, o efeito térmico no tamanho do grão e uma recristalização dinâmica (Figura 4.18 (b)) ocorre a 500 °C de temperatura de sinterização, o que leva a uma estrutura de grão ultrafina.

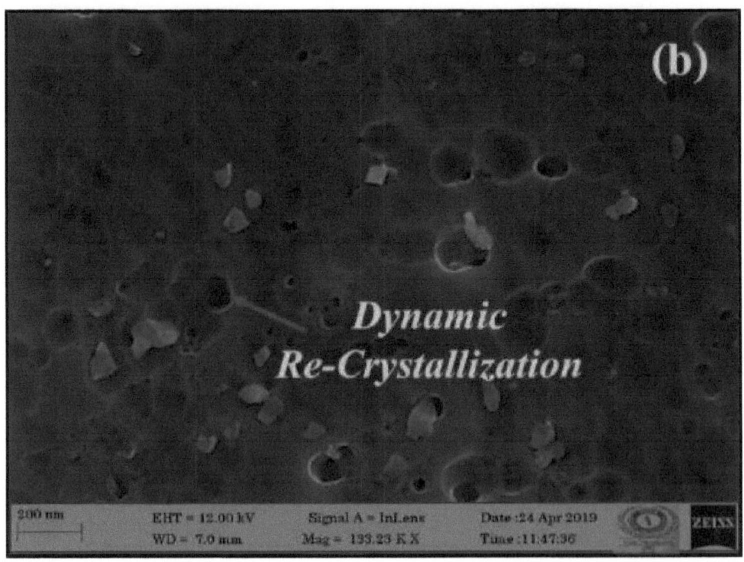

Figura 4.18 Imagens SEM de compósitos de Al/CNT1 em % em peso sinterizados com diferentes temperaturas de sinterização (a) 450 °C (b) 500 °C e (c) 550 °C (Contd.)

Esta estrutura de grão ultrafino melhora a integridade estrutural dos CNT e aumenta a densidade de deslocação, o que resulta num aumento da resistência mecânica. Além disso, à temperatura de sinterização de 550 °C (Figura 4.18(c)), o grão alonga-se para uma estrutura de grão mais grosseiro, o que resulta no efeito de pining Zener.

Da observação da Figura 4.18 (b) e da Figura 4.18 (c), infere-se que o compósito Al/CNT1wt. % sinterizado a 500 °C tem uma melhor integridade estrutural com uma estrutura de grão ultrafino. Este fenómeno ajudará a aumentar a resistência mecânica do compósito e a banda na interface lubrificará o compósito durante o deslizamento.

4.3.1.2 Análise XRD

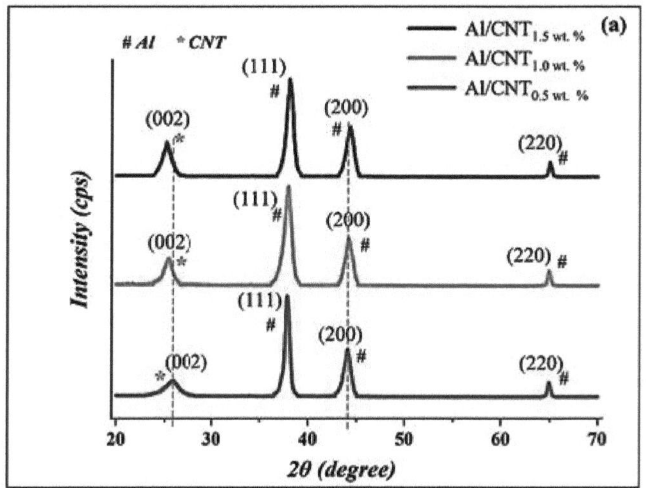

Figura 4.19 Gráficos XRD dos compósitos Al/CNT obtidos por SPS com (a) diferentes teores de CNT e (b) diferentes temperaturas de sinterização

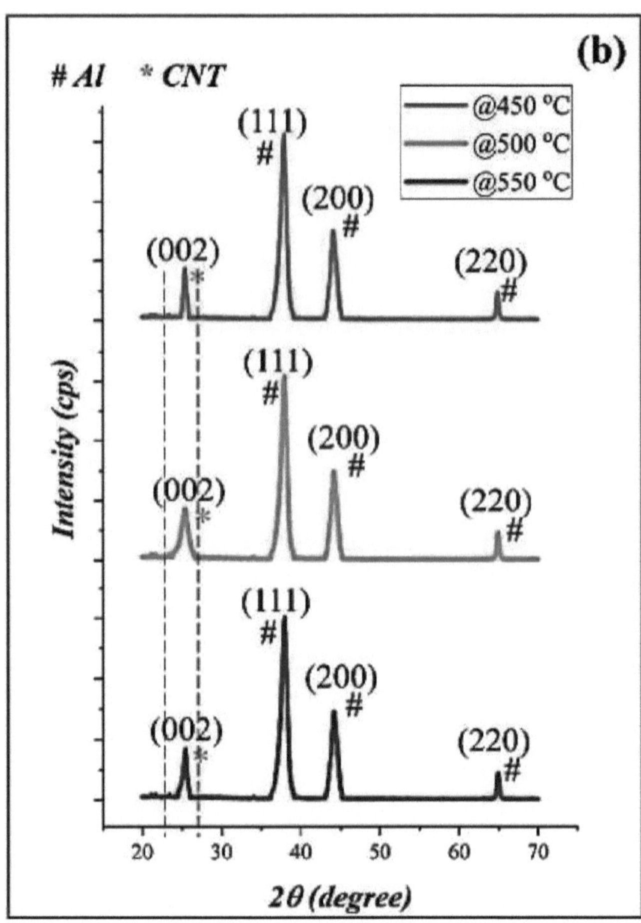

Figura 4.19 Gráficos XRD dos compósitos Al/CNT obtidos por SPS com (a) diferentes teores de CNT e (b) diferentes temperaturas de sinterização (Contd.)

A partir da Figura 4.19 (a) e 4 (b), os picos de XRD a 38,47°, 44,72° e 65,09° de 20 confirmam as fortes orientações (111), (200) e (220), respetivamente, dos compósitos Al/CNT. O pico a 26,55° confirma a presença de CNT e a estrutura FCC do compósito Al/CNT.

Há uma mudança no pico de CNT (002) a 26,55° e no pico de Al (200) a 44,72° em torno de 0,27°, o que mostra a mudança no plano cristalino com a adição de conteúdo de CNT. A força de Van der Waals tende a compactar o compósito e resultou na redução do tamanho do grão. Este fenómeno é evidenciado pelo alargamento dos picos de CNT e Al a 26,55° e 38,47°, respetivamente.

A Figura 4.19 (b) mostra os picos largos de CNT e Al a 26,55°, o que confirma os grãos refinados dos compósitos Al/CNT sinterizados por SPS. Isto deve-se ao efeito térmico ao variar a temperatura de sinterização, o que está de acordo com a inferência através das imagens FESEM (Figura 4.18).

4.3.2 Comportamento mecânico

4.3.2.1 Densidade

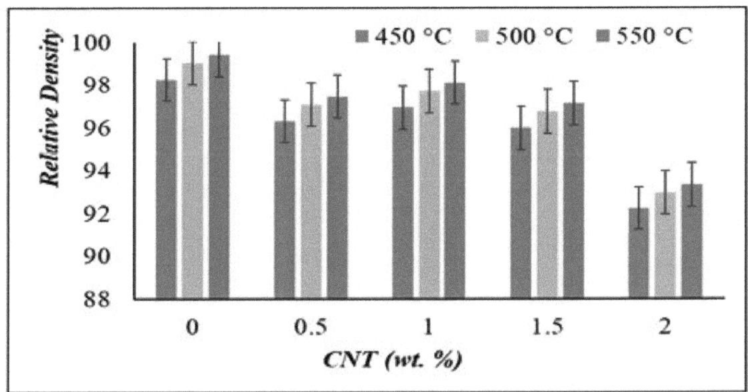

Figura 4.20 Densidade dos compósitos Al/CNT obtidos por SPS

A Figura 4.20 mostra a densidade relativa dos compósitos Al/CNT. A adição de material de baixa densidade reduziu a densidade do compósito. Podem ocorrer porosidades e vazios, mas a um nível insignificante.

4.3.2.2 Dureza

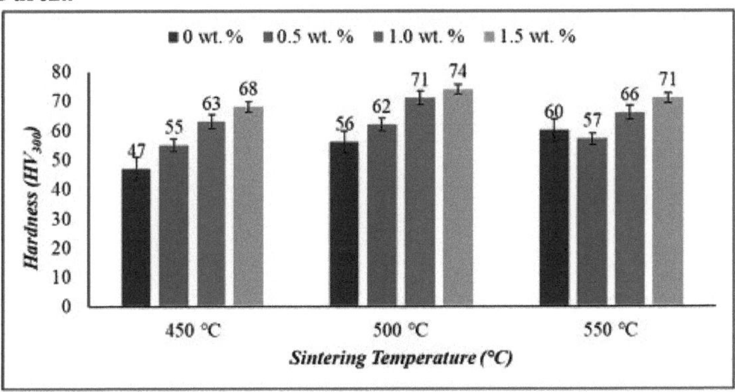

Figura 4.21 Dureza dos compósitos Al/CNT obtidos por SPS

A microdureza dos compósitos Al/CNT (Figura 4.21) aumenta com o aumento do reforço, mas a percentagem de melhoria é inferior a 17% em média. Este aumento deve-se à ligação das paredes dos CNT à matriz de Al e à formação de uma camada de barreira à indentação. A microdureza aumenta até à temperatura de sinterização de 500 °C, o que se deve aos grãos refinados e à camada cerâmica de Al4C3 na interface Al-CNT. Além disso, a microdureza do compósito Al/CNT diminui à temperatura de sinterização de 550 °C devido aos grãos mais grosseiros.

4.3.2.3 Resistência à compressão

A Figura 4.22 mostra a resistência à compressão dos compósitos Al/CNT. Observa-se que a resistência à compressão dos compósitos Al/CNT aumenta com o aumento das partículas de CNT. A adição de CNT aumenta a ligação interior das partículas de Al, o que aumenta a resistência à compressão do compósito Al/CNT. A adição de CNT superior a 1,5 wt. % diminui a resistência à compressão dos compósitos Al/CNT devido à transformação da fase dúctil em fase frágil.

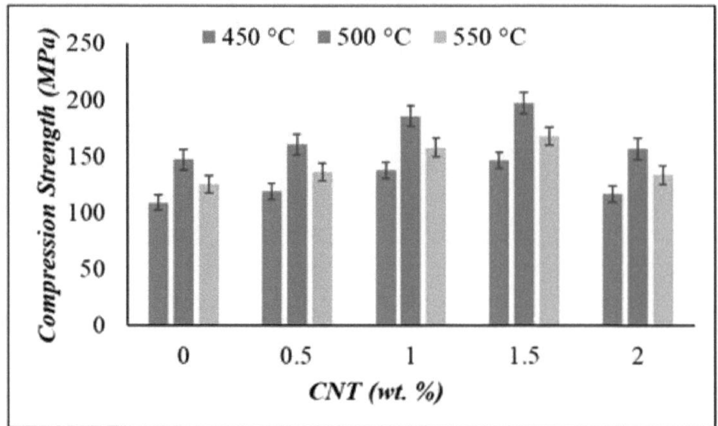

Figura 4.22 Resistência à compressão dos compósitos Al/CNT obtidos por SPS

4.3.3 Comportamento tribológico

4.3.3.1 Taxa de desgaste

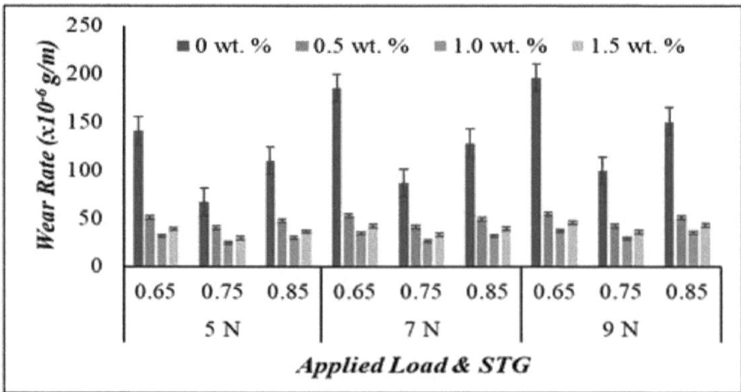

Figura 4.23 Taxa de desgaste dos compósitos de Al/CNT com SPS em função da carga aplicada

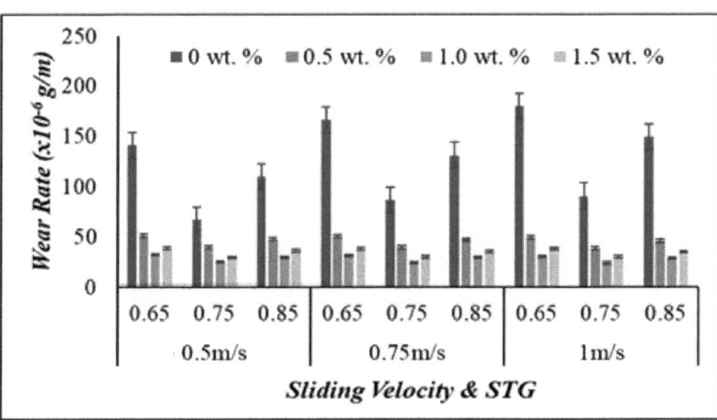

Figura 4.24 Taxa de desgaste dos compósitos Al/CNT obtidos por SPS em função da velocidade de deslizamento

A taxa de desgaste mínima é atingida para a amostra de compósito SPSed Al/CNT1 wt. % sinterizado a 500 °C, que é de cerca de 24,9 x 10^{-6} g/m e atinge a taxa de desgaste máxima para o compósito Al/CNT 0,5 wt. % sinterizado a 450 °C de 54,6 x 10^{-6} g/m, que é inferior à taxa de desgaste da matriz SPSed Al. Os CNT desempenham um papel importante no comportamento de desgaste, fornecendo a camada tribo lubrificante para os compósitos Al/CNT sinterizados com SPS. O efeito da temperatura de sinterização refinou os grãos dos compósitos SPSed Al/CNT, o que melhorou a sua dureza. Esta consequência resulta numa diminuição da taxa de desgaste, o que está de acordo com o modelo de desgaste de Archard.

4.3.3.2 Coeficiente de atrito (CoF)

O comportamento de fricção do compósito SPSed Al/CNT é analisado em termos de CoF e comparado com o SPSed Al, que é mostrado nas Figuras 4.25 e 4.26. O CoF dos compósitos Al/CNT diminui com o aumento de CNT até 1 wt. % e 500 °C de temperatura de sinterização, atingindo um CoF mínimo de cerca de 0,196.

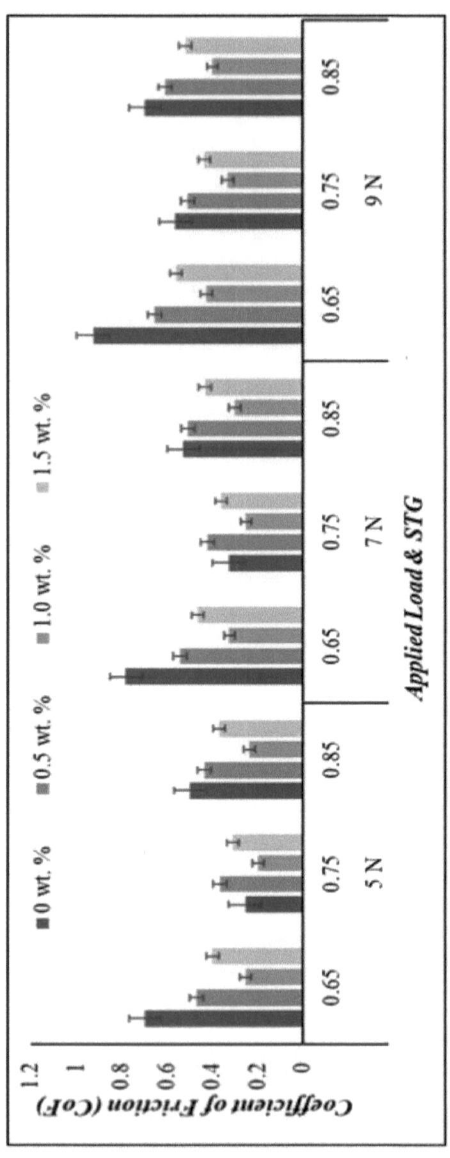

Figura 4.25 Coeficiente de fricção dos compósitos de Al/CNT com SPS e carga aplicada

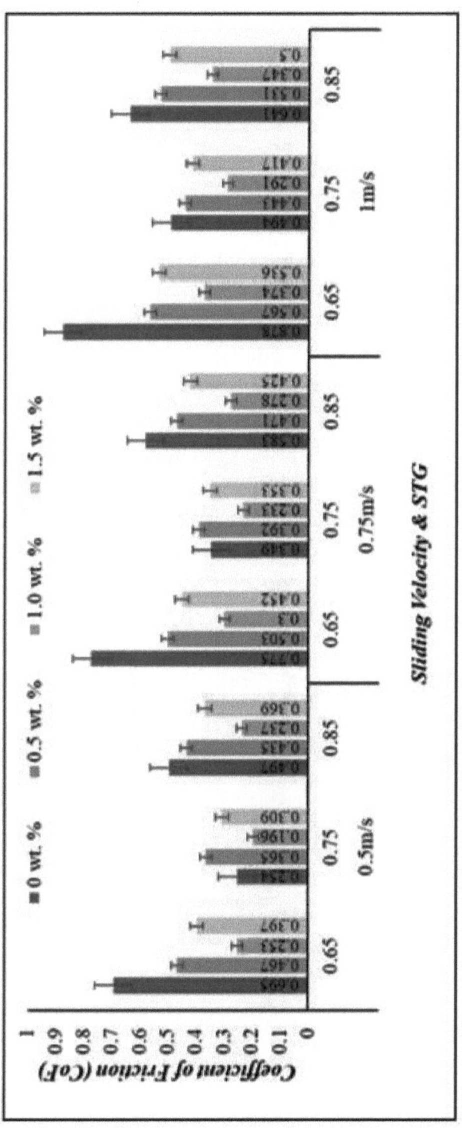

Figura 4.26 Coeficiente de atrito dos compósitos Al/CNT obtidos por SPS com a velocidade de deslizamento

A adição de CNT à matriz de Al proporcionou uma camada lubrificante, ou seja, uma camada tribo, que se formou devido à banda mecânica mista na interface dos CNT e da matriz de Al. Além disso, o CoF aumenta para o compósito SPSed Al/CNT 1,5 wt. % sinterizado a 550 °C devido ao aglomerado de CNT, que proporciona um efeito de não amortecimento à contraparte. Relativamente ao parâmetro tribo, o aumento da carga aplicada aumentou o CoF e atingiu o CoF máximo de cerca de 0,56 para o compósito SPSed Al/CNT0,5 wt. % sinterizado a 450°C, que é inferior ao CoF da matriz SPSed Al. Este fenómeno deve-se ao facto de o aumento da carga aplicada aumentar a força de resistência e tender a gerar um maior atrito na interface tribo.

4.3.3.3 Análise da superfície desgastada

O mecanismo de desgaste da matriz SPSed Al e dos compósitos SPSed Al/CNT nas suas interfaces tribo é examinado utilizando o SEM, que revela a causa das consequências da perda por desgaste. Com base na caraterização dos compósitos SPSed Al/CNT e em estudos anteriores, a superfície desgastada é maioritariamente influenciada pelo reforço (CNT), pela temperatura de sinterização e pela carga aplicada. A influência dos CNT é analisada a partir das imagens da superfície desgastada na Figura 4.27-4.29 a diferentes temperaturas de sinterização e condições de carga aplicada.

A Figura 4.27 (a) mostra o fluxo plástico do material de Al e forma as manchas a baixa aplicação. Após a adição de CNT0.5 wt. % à matriz de Al, a camada tribo é formada para resistir ao fluxo plástico do material e resulta na adesão do material Figura 4.27 (b). Devido ao desgaste abrasivo ligeiro, as ranhuras estreitas estão presentes na superfície desgastada do compósito Al/CNT1 (% em peso), o que confirma a redução do fluxo de material de Al pela banda tribo da interface, ou seja, a camada tribo.

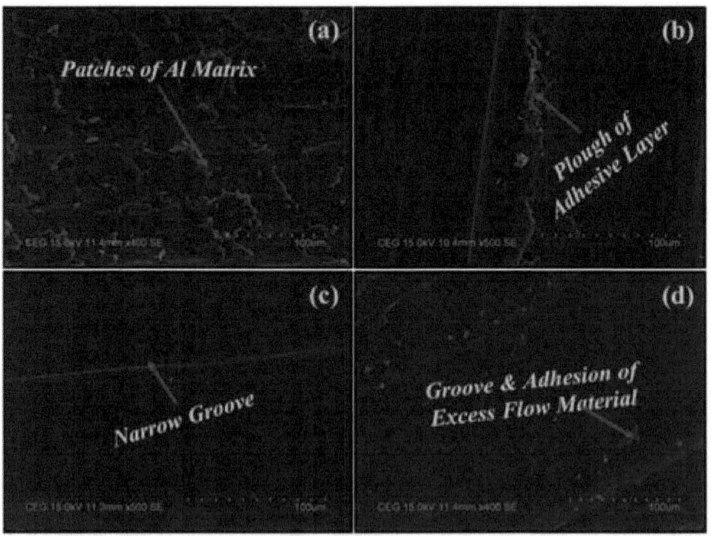

Figura 4.27 Superfície desgastada de compósitos de Al/CNT obtidos por SPS a 500 °C com CNT variável (a) Al puro (b) 0,5 wt. %, (c) 1 wt. % e (d) 1,5 wt. % com baixa carga aplicada

Além disso, a adição de CNT1.5 wt. % aumentou o fluxo de material pelas partículas em excesso/desprendidas do compósito. Noutras condições tribo (Figura 4.28 e Figura 4.29), é evidenciado um desempenho semelhante do CNT. A matriz de Al com SPS sofreu um fluxo plástico severo e delaminação, que é restringido pela adição de CNT. O comportamento de desgaste semelhante para Al / CNT é experimentado por Bastwros *et al.* (2019). Além disso, o compósito SPSed Al / CNT1 wt. % experimentou o desgaste leve, o que concorda com os resultados quantitativos.

A influência da temperatura de sinterização é examinada a partir das imagens da superfície desgastada na Figura 4.28 e na Figura 4.29 com diferentes percentagens de CNT e uma carga aplicada constante de 500 g.

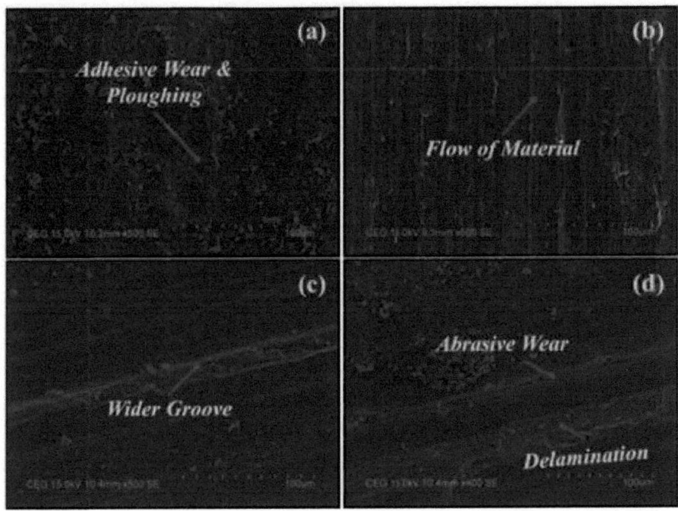

Figura 4.28 Superfície desgastada de compósitos de Al/CNT obtidos por SPS a 550 °C com CNT variável (a) Al puro (b) 0,5 wt. %, (c) 1 wt. % e (d) 1,5 wt. % com baixa carga aplicada

A matriz de Al SPSed registou um arrastamento do material adesivo ao aumentar a temperatura de sinterização, o que é evidenciado na Figura 4.27 (a) e na Figura 4.28 (a). A adição de CNT 0,5 wt. % a uma temperatura de sinterização mais elevada registou um comportamento semelhante ao da matriz de Al sinterizada com SPS, ou seja, a formação de sulcos no material compósito adesivo, o que é evidenciado na Figura 4.27 (b) e na Figura 4.28 (b). O sulco mais largo é visível na superfície desgastada do compósito SPSed Al/CNT1 % em peso (Figura 4.28 (c)) em comparação com a Figura 4.27 (c). Este fenómeno deve-se ao crescimento do grão (grão mais grosso) a uma temperatura de sinterização mais elevada.

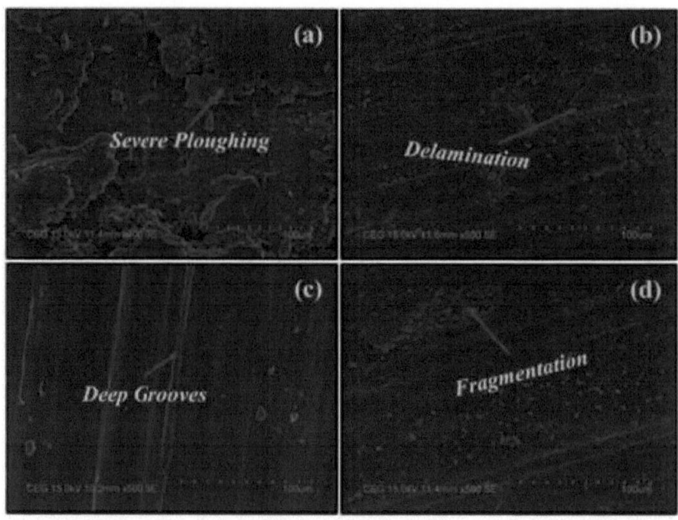

Figura 4.29 Superfície desgastada de compósitos de Al/CNT obtidos por SPS a 500 °C com CNT variável (a) Al puro (b) 0,5 wt. %, (c) 1 wt. % e (d) 1,5 wt. % com carga aplicada elevada

A Figura 4.27 (d) e a Figura 4.28 (d) revelam que o desgaste adesivo ocorre a baixa temperatura de sinterização e o desgaste abrasivo a alta temperatura de sinterização, para o compósito de Al reforçado com CNT1.5 wt. A abrasão deve-se ao facto de as partículas duras se soltarem da interface tribo durante o deslizamento. De um modo geral, infere-se que o aumento da temperatura de sinterização aumentou o tamanho do grão, o que provocou uma redução da dureza e resultou num aumento da perda por desgaste. A influência da carga aplicada é examinada a partir das imagens da superfície desgastada na Figura 4.27 e na Figura 4.29 com diferentes percentagens de CNT e uma temperatura de sinterização constante de 500 °C. O material de Al flui e forma manchas com uma carga aplicada baixa (Figura 4.27 (a)) e é lavrado com uma carga mais elevada (Figura 4.29 (a)), o que provocou um desgaste grave e uma taxa de desgaste mais elevada.

A adição de CNT0.5 wt. % à matriz de Al não conseguiu restringir o dano a cargas mais elevadas e resultou em desgaste por delaminação (Figura 4.29 (b)). Carvalho *et al.* (2017) também inferiram o mesmo comportamento de desgaste de delaminação em cargas aplicadas mais elevadas. Mesmo para o compósito SPSed Al/CNT1 wt. % sofreu um desgaste mais profundo (sulcos profundos) em comparação com a Figura 4.27 (c) pela maior carga aplicada, o que é confirmado pela Figura 4.29 (c). Com uma carga aplicada mais elevada, a superfície adesiva do compósito SPSed Al/CNT1.5 wt. % sofreu uma ação de martelamento e levou à fragmentação da superfície do compósito. A partir da análise da superfície desgastada, infere-se que o aumento da carga aplicada aumentou a força resistiva e causou uma delaminação grave e a formação de arado nas superfícies dos compósitos SPSed Al/CNT.

4.3.4 Comportamento de corrosão

4.3.4.1 Taxa de corrosão

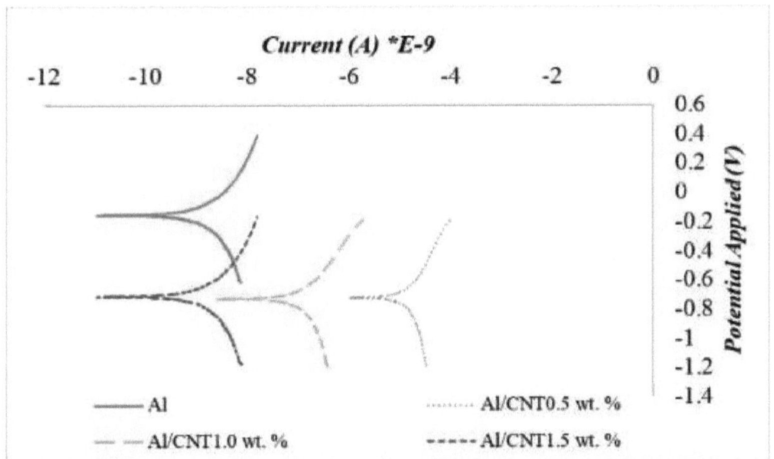

Figura 4.30 Gráfico de polarização dos compósitos Al/CNT obtidos por SPS

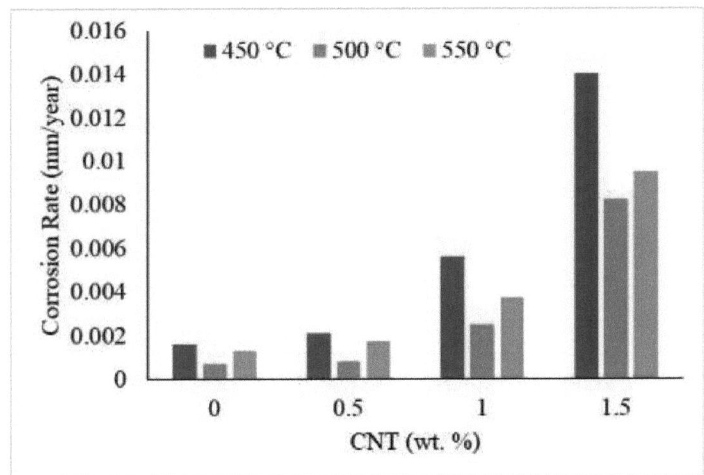

Figura 4.31 Comportamento à corrosão dos compósitos Al/CNT obtidos por SPS

A taxa de corrosão aumenta com a adição de CNT. O efeito Zener é identificado até 1 wt. % de adição de CNT. A resistência à polarização aumenta com a adição de CNT. O valor E_{corr} registado é de -317,110 *mV* e o valor I_{corr} é de 26,3070 *nA* para a curva de polarização. A partir dos declives de Tafel nos ramos anódico e catódico, os valores de Pa e Pb são calculados como -4,8488 *V/dec* e 1,0546 *V/dec*. De acordo com a equação de Stern Geary, a resistência à polarização é calculada como 22,249 *MQ* e, utilizando a lei de Faraday, a taxa de corrosão é calculada como 0,000285 mm/ano. Uma vez que os valores de E_{corr} e I_{corr} são inferiores a 0,001, a corrosão é considerada negligenciável.

4.4OPTIMIZAÇÃO DE Al/CNT PROCESSADOS POR SPS COMPOSTOS

4.4. 1Análise experimental

Com base no DoE (Tabela 3.2), as experiências são realizadas para Al/CNT com SPS e tabuladas na Tabela 4.9.

Tabela 4.9 Resultados experimentais

Correr Encomendar	CNT (% em peso)	Velocidade de fresagem (rpm)	Fresagem Tempo (minutos)	STG	Dureza (HV)	Resistência à compressão (MPa)	Taxa de desgaste (x 10'6 g/m)	CoF	Taxa de corrosão (mm/ano)
1	1	300	360	0.75	75.5	175	24.9	0.196	0.0025
2	1.5	350	360	0.75	80	185	33.5	0.302	0.0083
3	1	350	360	0.85	74.5	171	34.4	0.239	0.0036
4	1	350	480	0.75	75	173	29.3	0.197	0.0028
5	1.5	300	360	0.85	79	183	36.3	0.369	0.0095
6	0.5	300	360	0.65	65	149	51.3	0.467	0.002
7	1	350	360	0.65	71	164	36.8	0.254	0.0047
8	0.5	300	480	0.75	70	156	41.2	0.351	0.001
9	1	300	240	0.65	71.5	165	33.8	0.287	0.0046

Tabela 4.9 Resultados experimentais (Cont.)

Correr Encomendar	CNT (% em peso)	Velocidade de fresagem (rpm)	Fresagem Tempo (minutos)	STG	Dureza (HV)	Resistência à compressão (MPa)	Taxa de desgaste (x 10'6 g/m)	CoF	Taxa de corrosão (mm/ano)
10	1	250	480	0.75	72.5	167	37.3	0.212	0.0032
11	0.5	300	360	0.85	67	153	47.9	0.43	0.0017

								5	
12	1.5	250	360	0.75	77	178	42.3	0.349	0.0085
13	0.5	250	360	0.75	66	151	51.6	0.385	0.0016
14	1	300	480	0.85	76	177	30.2	0.225	0.0038
15	1	300	360	0.75	75.5	175	24.9	0.196	0.0025
16	1	250	360	0.65	70	162	47.7	0.293	0.0049
17	0.5	300	240	0.75	68	154	40.5	0.393	0.0014
18	1.5	300	240	0.75	78	181	32.2	0.332	0.009

Tabela 4.9 Resultados experimentais (Cont.)

Correr Encomendar	CNT (% em peso)	Velocidade de fresagem (rpm)	Fresagem Tempo (minutos)	STG	Dureza (HV)	Resistência à compressão (MPa)	Taxa de desgaste (x 10^{-6} g/m)	CoF	Taxa de corrosão (mm/ano)
19	1	250	360	0.85	70.5	163	44.5	0.275	0.0043
20	1.5	300	360	0.65	75	174	38.9	0.397	0.014
21	1	300	480	0.65	73	168	32.2	0.243	0.0045
22	1	250	240	0.75	72	166	38.6	0.262	0.0034
23	1	350	240	0.75	74	170	30.2	0.218	0.003
24	0.5	350	360	0.75	69	155	44.2	0.374	0.0012
25	1	300	240	0.85	73.5	169	31.6	0.269	0.0041
26	1.5	300	480	0.75	81	188	28.8	0.305	0.008
27	1	300	360	0.75	75.5	175	24.9	0.196	0.0025

4.4.2 Análise residual

O gráfico de normalidade é gerado para os resíduos das respostas e apresentado na Figura 4.32 (a-e). Mostra que os resíduos das respostas se situam numa linha reta com menos desvios para intervalos regulares, o que revela que as amostras (pistas) são apontadas com um padrão não linear regular e que cobrem os limites (níveis) das variáveis (factores).

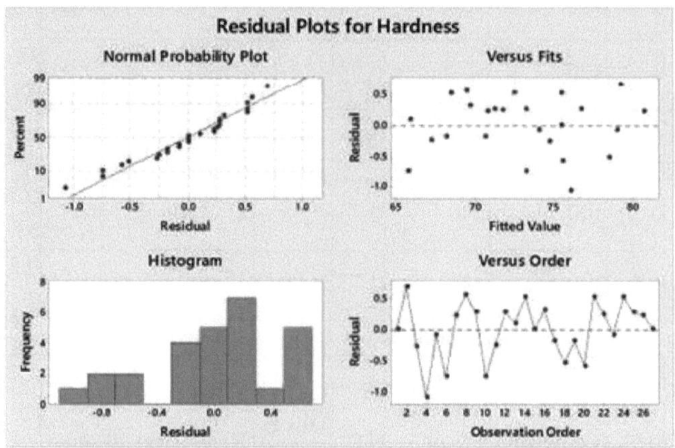

Figura 4.32 (a) Gráfico residual para a dureza

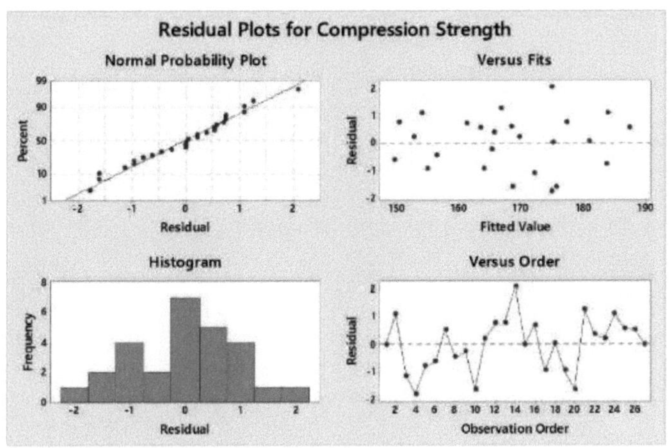

Figura 4.32 (b) Gráfico de resíduos para a resistência à compressão

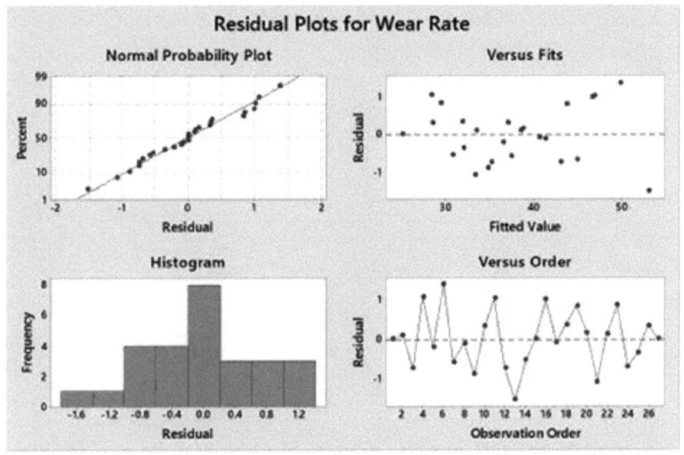

Figura 4.32 (c) Gráfico de resíduos para a taxa de desgaste

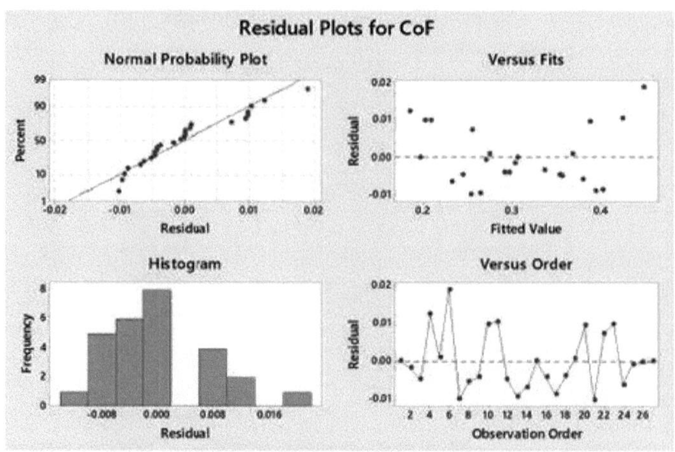

Figura 4.32 (d) Gráfico de resíduos para CoF

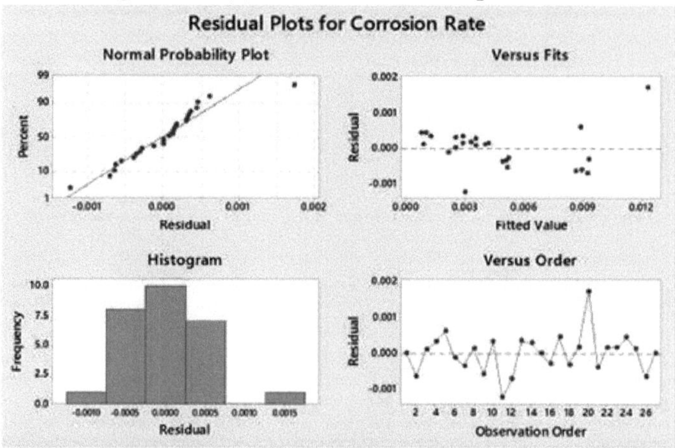

Figura 4.32 (e) Gráfico de resíduos para a taxa de corrosão

4.4.3 Modelo de regressão para as respostas

Os modelos de regressão de segunda ordem gerados para as respostas estão representados na Equação (4.6-4.10). A adequação dos modelos de regressão é tabulada na Tabela 4.10 com R^2 e $R^2_{(adj)}$ respeitados, que são superiores a 99 % e 98 %, respetivamente.

*Dureza = -102,2+ 11,67 CNT+ 0,3058 Velocidade de fresagem - 0,0167 Tempo de fresagem + 303,1 STG - 4,92 CNT*CNT - 0,000667 Velocidade de fresagem*Velocidade de fresagem - 0,000003 Tempo de fresagem*Tempo de fresagem - 235.4 STG*STG + 0,0000 CNT*Velocidade de fresagem + 0,00417 CNT*Tempo de fresagem + 10,00 CNT*STG + 0,000021 Velocidade de fresagem*Tempo de fresagem + 0,1500 Velocidade de fresagem*STG+ 0,0208 Tempo de fresagem*STG (4,6)*

Resistência à compressão = -241,2 + 26,9 CNT + 0,837 Velocidade de fresagem -

*0,0656 Tempo de fresagem + 676 STG - 16,83 CNT*CNT - 0,001783 Velocidade de fresagem*Velocidade de fresagem - 0,000058 Tempo de fresagem*Tempo de fresagem - 533.3 STG*STG + 0,0300 CNT*Velocidade de fresagem + 0,0208 CNT*Tempo de fresagem + 25,0 CNT*STG + 0,000083 Velocidade de fresagem*Tempo de fresagem + 0,300 Velocidade de fresagem*STG + 0,1042 Tempo de fresagem*STG (4,7)*

*Taxa de desgaste = 846,1 - 87,4 CNT - 2,082 Velocidade de fresagem - 0,0040 Tempo de fresagem - 1172,5 STG + 42,00 CNT*CNT + 0,003285 Velocidade de fresagem*Velocidade de fresagem + 0,000010 Tempo de fresagem*Tempo de fresagem + 761.3 STG*STG - 0,0140 CNT*Velocidade de fresagem - 0,01708 CNT*Tempo de fresagem + 4,0 CNT*STG + 0,000017 Velocidade de fresagem*Tempo de fresagem + 0,040 Velocidade de fresagem*STG + 0,0042 Tempo de fresagem*STG (4,8)*

*CoF = 5,114 - 1,185 CNT - 0,00346 Velocidade de fresagem - 0,000785 Tempo de fresagem - 9,385 STG + 0,5987 CNT*CNT + 0,000005 Velocidade de fresagem*Velocidade de fresagem + 0,000000 Tempo de fresagem*Tempo de fresagem + 6.142 STG*STG - 0,000360 CNT*Velocidade de fresagem + 0,000063 CNT*Tempo de fresagem + 0,020 CNT*STG + 0,000001 Velocidade de fresagem*Tempo de fresagem + 0,00015 Velocidade de fresagem*STG - 0,000000 Tempo de fresagem*STG (4,9)*

*Taxa de corrosão = 0,0952 + 0,00562 CNT - 0,000041 Velocidade de fresagem - 0,000003 Tempo de fresagem - 0,2389 STG + 0,00925 CNT*CNT + 0,000000 Velocidade de fresagem*Velocidade de fresagem + 0,000000 Tempo de fresagem*Tempo de fresagem + 0.1750 STG*STG + 0,000002 CNT*Velocidade de fresagem - 0,000003 CNT*Tempo de fresagem - 0,02100 CNT*STG + 0,000000 Velocidade de fresagem*Tempo de fresagem - 0,000025 Velocidade de fresagem*STG - 0,000004 Tempo de fresagem*STG (4.10)*

Tabela 4.10 Adequação dos modelos de regressão

S.N.	Resposta	R^2	R^2(adj)
1.	Dureza	98.84%	97.43%
2.	Resistência à compressão	99.19 %	98.27%
3.	Taxa de desgaste	99.15 %	98.16 %
4.	CoF	99.06 %	97.97 %
5.	Taxa de corrosão	96.92 %	93.33 %

4.4.4 Análise de variância (ANOVA)

A análise de variâncias (ANOVA) é efectuada para identificar a contribuição dos factores de influência nas respostas e para confirmar o nível de significância. A ANOVA para as respostas está tabulada na Tabela 4.11 - 4.15. Os valores P para todas as respostas são inferiores aos valores F e 0,05, o que mostra que o nível de significância é superior a 95 %.

Tabela 4.11 ANOVA para a dureza

Fonte	DF	Adj SS	Adj EM	Valor F	Valor P

Modelo	14	445.178	31.798	72.97	0.000
Linear	4	400.042	100.010	229.51	0.000
Quadrado	4	41.324	10.331	23.71	0.000
Interação bidirecional	6	3.812	0.635	1.46	0.027
Erro	12	5.229	0.436		
Total	26	450.407			

Tabela 4.12 ANOVA para resistência à compressão

Fonte	DF	Adj SS	Adj EM	Valor F	Valor P
Modelo	14	2932.60	209.47	105.10	0.000
Linear	4	2661.17	665.29	333.80	0.000
Quadrado	4	240.44	60.11	30.16	0.000
Interação bidirecional	6	31.00	5.17	2.59	0.006
Erro	12	23.92	1.99		
Total	26	2956.52			

Tabela 4.13 ANOVA para a taxa de desgaste

Fonte	DF	Adj SS	Adj EM	Valor F	Valor P
Modelo	14	1570.10	112.150	100.10	0.000
Linear	4	614.26	153.565	137.07	0.000
Quadrado	4	950.78	237.694	212.16	0.000
Interação bidirecional	6	5.06	0.844	0.75	0.019
Erro	12	13.44	1.120		
Total	26	1583.54			

Quadro 4.14 ANOVA para CoF

Fonte	DF	Adj SS	Adj EM	Valor F	Valor P
Modelo	14	0.161413	0.011529	90.48	0.000
Linear	4	0.019058	0.004764	37.39	0.000
Quadrado	4	0.141759	0.035440	278.12	0.000
Interação bidirecional	6	0.000597	0.000099	0.78	0.061
Erro	12	0.001529	0.000127		
Total	26	0.162942			

Tabela 4.15 ANOVA para a taxa de corrosão

Fonte	DF	Adj SS	Adj EM	Valor F	Valor P
Modelo	14	0.000247	0.000018	27.01	0.000
Linear	4	0.000201	0.000050	76.82	0.000

Quadrado	4	0.000042	0.000010	15.95	0.000
Interação bidirecional	6	0.000005	0.000001	1.17	0.038
Erro	12	0.000008	0.000001		
Total	26	0.000255			

4.4.5 Otimização

A otimização é realizada utilizando a técnica RSM para compósitos Al/CNT ligados mecanicamente com base nas propriedades mecânicas, tribológicas e de corrosão e o resultado está representado na Figura 4.33. Os resultados óptimos obtidos são experimentados e validados. Os resultados validados são apresentados na Tabela 4.16.

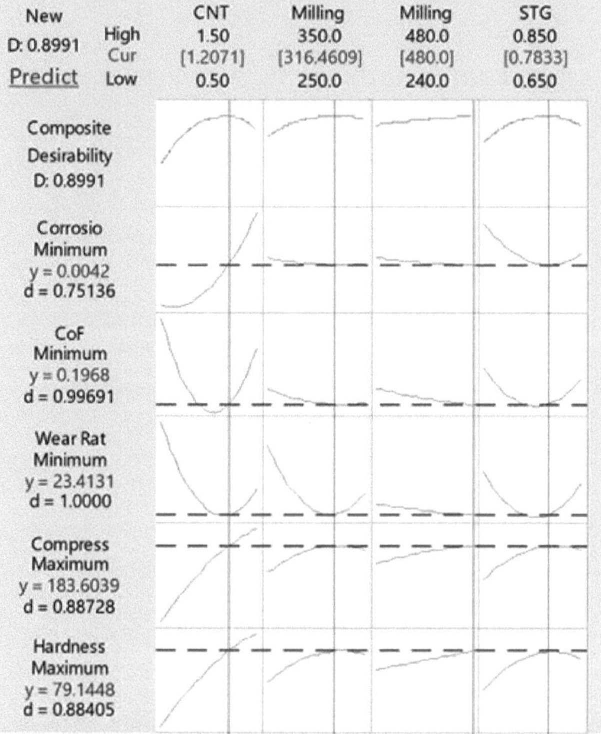

Figura 4.33 Gráfico ótimo para o compósito Al/CNT processado por SPS

Quadro 4.16 Validação dos resultados óptimos

S. Não.	**Resposta**	**Unidade**	**Valor ótimo**		**Desvio**
			Teórico	Experimental	
1.	Dureza	HV	79.14	82.46	4.03%
2.	Resistência à compressão	MPa	183.6	189.53	3.13%
3.	Taxa de desgaste	g/m	23.41 x 10^{-6}	22.26 x 10^{-6}	5.17%
4.	CoF	-	0.1968	0.1898	3.69%
5.	Taxa de corrosão	mm/ano	0.0042	0.0043	2.38%

O compósito SPSed Al/CNT1.2 wt. % ideal à velocidade de moagem de 316 rpm, tempo de moagem de 480 minutos e STG 0.78 alcançou a resposta óptima de dureza 82.46 HV, resistência à compressão 189.53 MPa, taxa de desgaste 22.26 x 10^{-6} g/m,

CoF 0.1898 e taxa de corrosão 0.0043 mm/ano. A comparação dos resultados teóricos e experimentais na condição óptima mostra um desvio inferior a 5 %, o que confirma os 95 % de significância.

4.5 ANÁLISE COMPARATIVA DOS COMPOSTOS Al/CNT

Com base nos métodos enquadrados, a caraterização e os testes são efectuados. Os resultados comparados e comuns dos compósitos Al/CNT MAed e SPSed são apresentados mais adiante. As imagens FESEM mostram o efeito dos CNT na morfologia da superfície e confirmam a presença e distribuição de CNT com paredes múltiplas para o compósito Al/CNT a 500 °C. A dispersão regular e homogénea dos CNT aumenta com o aumento da adição de CNT e, além disso, conduz à aglomeração. Esta aglomeração deve-se à força de Van der Waals entre a superfície cilíndrica das paredes dos CNT.

O tamanho do grão estável aumenta com o aumento da temperatura de sinterização devido à absorção de calor nos limites do grão, ou seja, o efeito térmico no tamanho do grão e uma recristalização dinâmica ocorre à temperatura de sinterização de 500 °C, o que leva a uma estrutura de grão ultrafina. Esta estrutura de grão ultrafino melhora a integridade estrutural dos CNT e aumenta a densidade de deslocação, o que resulta num aumento da resistência mecânica. Além disso, à temperatura de sinterização de 550 °C, o grão alonga-se para uma estrutura de grão mais grosseiro, o que resulta no efeito de pining Zener. O compósito Al/CNT1wt.% sinterizado a 500 °C apresenta uma melhor integridade estrutural com uma estrutura de grão ultrafino. Este fenómeno ajudará a aumentar a resistência mecânica do compósito e a banda na interface lubrificará o compósito durante o deslizamento.

Os picos de XRD a 38,47°, 44,72° e 65,09° de 2θ confirmam as fortes orientações (111), (200) e (220), respetivamente, dos compósitos Al/CNT. O pico a 26,55° confirma a presença de CNT e a estrutura FCC do compósito Al/CNT. Há uma mudança no pico do CNT (002) a 26,55° e no pico do Al (200) a 44,72° em torno de 0,27°, o que mostra a mudança no plano cristalino com a adição do conteúdo de CNT. A força de Van der Waals tende a compactar o compósito e resultou na redução do tamanho do grão. Este fenómeno é evidenciado pelo alargamento dos picos de CNT e Al a 26,55° e 38,47°, respetivamente.

A densidade dos compósitos Al/CNT MAed e SPSed é reduzida devido à adição de material de baixa densidade ao AMMC. A porosidade e os vazios podem ocorrer, mas numa gama insignificante, o que se deve aos parâmetros de processo selecionados através do estudo preliminar.

A microdureza dos compósitos Al/CNT aumenta com o aumento do reforço, mas a percentagem de melhoria é inferior a 17% em média. Este aumento deve-se à ligação das paredes dos CNT à matriz de Al e à formação de uma camada de barreira à indentação. A microdureza aumenta até à temperatura de sinterização de 500 °C, o que se deve aos grãos refinados e à camada cerâmica de Al4C3 na interface Al-CNT. A resistência à compressão dos compósitos Al/CNT MAed e SPSed aumenta com o aumento das partículas de CNT. A adição de CNT aumenta a ligação interior das partículas de Al, o que aumenta a resistência à compressão do compósito Al/CNT. A adição de CNT superior a 1,5 wt. % diminui a resistência à compressão dos compósitos Al/CNT devido à transformação da fase dúctil em fase frágil.

A taxa de desgaste diminui com o aumento da partícula de CNT para os compósitos MAed Al/CNT. Este fenómeno deve-se ao efeito de amortecimento dos CNT até 1 wt. % e, a partir daí, os CNT começam a fluir em direção à contraparte. O comportamento de desgaste dos compósitos MAed Al/CNT é diretamente proporcional ao comportamento de fricção. É evidenciado um comportamento de desgaste semelhante no atrito. A taxa de desgaste mínima é atingida para o compósito SPSed Al/CNT1 $_{wt.\ \%\ sinterizado}$ a 500 °C, que é de cerca de 24,9 x 10^{-6} g/m e atinge a taxa de desgaste máxima para o compósito SPSed Al/CNT$0{,}5_{wt.\ \%}$ sinterizado a 450 °C de 54,6 x 10^{-} g/m, que é inferior à taxa de desgaste da matriz SPSed Al. O CNT desempenha um papel importante no comportamento de desgaste, fornecendo a camada tribo lubrificante para os compósitos SPSed Al/CNT. O efeito da temperatura de sinterização refinou os grãos dos compósitos SPSed Al/CNT, o que melhorou a sua dureza.

O CoF dos compósitos SPSed Al/CNT diminui com o aumento de CNT até 1 wt. % e 500 °C de temperatura de sinterização, atingindo um CoF mínimo de cerca de 0,196. A adição de CNT à matriz de Al proporcionou uma camada lubrificante, ou seja, uma camada tribo, que se formou devido à banda mecânica mista na interface dos CNT e da matriz de Al. Além disso, o CoF aumenta para o compósito SPSed Al/CNT $_{1,5\ wt.\ \%}$ sinterizado a 550 °C devido ao aglomerado de CNT, que proporciona um efeito de não amortecimento à contraparte. Devido ao aumento da carga aplicada, a força de resistência aumenta e tende a gerar um maior atrito na interface tribo.

A superfície desgastada do mesmo Al de origem e dos compósitos Al/CNT é examinada utilizando SEM para estudar o mecanismo de desgaste ocorrido durante o deslizamento. O Al de origem sofre um desgaste adesivo severo, devido ao fluxo de material do pino de Al para o disco e este adere à superfície de Al, o que aumenta o CoF e tende a aumentar tremendamente o desgaste. No caso do compósito MAed Al/CNT1 $_{wt.\ \%}$, a presença de resíduos de CNT é menor, pelo que a formação de ranhuras é menor, o que se designa por desgaste abrasivo. Um desgaste abrasivo moderado para o compósito SPSed Al/CNT$1_{,1\ \%\ em\ peso}$, o que resulta em menos desgaste e fricção. A mistura correta de CNT em Al evita o desprendimento de partículas durante o deslizamento, o que resulta num desgaste mínimo e impede o terceiro mecanismo de desgaste do corpo. O fluxo plástico do material de Al e forma as manchas a baixa carga aplicada. Após a adição de CNT 0,5 wt. % à matriz de Al, a camada tribo é formada para resistir ao fluxo plástico do material e resulta na adesão do material. Devido ao desgaste abrasivo ligeiro, as ranhuras estreitas estão presentes na superfície desgastada do compósito SPSed Al/CNT1 % em peso, o que confirma a redução do fluxo de material de Al pela banda tribo da interface, ou seja, a camada tribo.

Além disso, a adição de CNT$1_{.5\ wt.\ \%}$ aumentou o fluxo de material pelas partículas em excesso/desprendidas do compósito. A matriz SPSed Al registou um fluxo plástico e uma delaminação graves, que são limitados pela adição de CNT. Além disso, o compósito SPSed Al/CNT1 wt. % sofreu um desgaste ligeiro, o que está de acordo com os resultados quantitativos.

A taxa de corrosão dos compósitos MAed e SPSed Al/CNT aumenta com a adição de CNT e o efeito Zener é identificado até 1 wt. % de adição de CNT. A resistência à polarização dos compósitos MAed e SPSed Al/CNT aumenta com a adição de CNT. A corrosão ocorre em quatro fases para o compósito Al/CNT, o que é evidenciado pelo estudo de corrosão. O Al reage com os óxidos atmosféricos e forma micropoços na supcrfície do compósito.

Com o aumento da duração da imersão, as partículas de CNT nos limites das partículas e grãos de Al começam a reagir rapidamente e iniciam a corrosão intergranular. Além disso, a taxa de corrosão aumenta gradualmente e forma estruturas semelhantes a covinhas nos limites dos grãos. A taxa de corrosão a 20th dia é saturada para o compósito Al/CNT1 wt. %, o que se deve à redução de CNT activos e à presença de uma camada preventiva de óxido de Al na superfície do compósito Al/CNT1 wt. %. O comportamento de corrosão semelhante foi evidenciado para os compósitos de Al/CNTs tratados com MAed e SPSed.

Com base na tabela de conceção L27, as experiências são realizadas e a otimização é feita utilizando a técnica RSM. A análise de variâncias (ANOVA) é efectuada para identificar a contribuição dos factores de influência nas respostas e para confirmar o nível de significância. Os valores P para todas as respostas são inferiores aos valores F e a 0,05, o que mostra que o nível de significância é superior a 95 %. Os modelos de regressão de segunda ordem gerados para todas as respostas têm uma adequação R^2 e $R^2_{(adj)}$ superior a 90 %. Os resultados finais do estudo são apresentados nos quadros 4.17 e 4.18.

Tabela 4.17 Comparação das condições óptimas para os compósitos de Al/CNT obtidos por MAed e SPSed

S. Não.	Resposta	Unidade	Condição óptima do compósito Al/CNT	
			MAed	SPSed
1	CNT de paredes múltiplas	*% em peso*	1.12	1.2
2	Velocidade de fresagem	*rpm*	340	316
3	Tempo de fresagem	*minutos*	480	480
4	Sinterização Temperatura	*°C*	493	510

Tabela 4.18 Comparação das respostas óptimas para os compósitos de Al/CNT com MAed e SPSed

S. Não.	Resposta	Unidade	Valor ótimo do compósito Al/CNT	
			MAed	SPSed
1	Dureza	*HV*	42.15	82.46

2	Compressão Força	*MPa*	129.28	189.53
3	Taxa de desgaste	*g/m*	26.87 x 10-^{6}	22.26 x 10-^{6}
4	CoF	-	0.2919	0.1898
5.	Taxa de corrosão	*mm/ano*	0.0123	0.0043

CAPÍTULO 5

CONCLUSÕES E ÂMBITO DA INVESTIGAÇÃO FUTURA

5.1 CONCLUSÕES

A partir do estudo exaustivo das propriedades estruturais, mecânicas, tribológicas e de corrosão dos compósitos Al/CNT MAed e SPSed, as principais conclusões são as seguintes

> Os compósitos Al/CNT são fabricados com sucesso através do processo de liga mecânica com diferentes percentagens em peso de partículas de CNT. A distribuição homogénea dos CNT sem aglomeração nos compósitos Al/CNT é assegurada utilizando o FESEM e o EDS.

> A partir da análise XRD, identifica-se uma deslocação do pico dos CNT a 26,55°, cerca de 0,35°, com a rede (002), e este diminui para 1,5 wt. % de CNT, o que pode ser devido ao aumento do tamanho do grão no compósito Al/CNT1,5 wt.

> O estudo da morfologia revela que a estrutura da partícula nos compósitos Al/CNT é afetada pelos parâmetros de moagem, o que confirma o impacto dos parâmetros de moagem a nível micro.

> O impacto no refinamento do grão aumentou a dureza e a resistência do compósito Al/CNT a 1 % em peso cerca de 2 vezes superior à do Al de origem. A adição adicional de CNT ao Al aumentou a força de van der waals e resultou em aglomeração.

> A taxa de desgaste mínima de 27,8 x 10^{-6} g/m é obtida para o compósito Al/CNT1 wt. % com o CoF de 0,09, que é quase 4 vezes inferior ao CoF do Al ligado mecanicamente. Este fenómeno deve-se ao comportamento de auto-lubrificação das partículas de CNT nos compósitos Al/CNT.

> As respostas óptimas são obtidas para o compósito Al/CNT 1,12 wt. % à velocidade de moagem de 340 rpm, tempo de moagem de 480 minutos e temperatura de sinterização de 493 °C utilizando a técnica RSM. A comparação dos resultados teóricos e experimentais mostra um desvio inferior a 5 %, o que confirma a significância de 95 % dos modelos.

> O mecanismo dominante de desgaste e corrosão para o compósito Al/CNT é o desgaste abrasivo e a corrosão intergranular, que é explorado através das imagens SEM do estudo da superfície desgastada e do estudo da corrosão.

> A partir da análise FESEM, é evidenciada uma dispersão regular e homogénea de CNT para o compósito Al/CNT1 wt. % obtido por SPS e a adição adicional de CNT leva à aglomeração. Este fenómeno deve-se à força de Van der Waals entre a superfície cilíndrica das paredes dos CNT.

> A microdureza dos compósitos de Al/CNT obtidos por SPS aumenta até 500 °C de temperatura de sinterização devido à integridade estrutural e ao refinamento do grão, o que é confirmado através das análises XRD e FESEM.

> Até 1 wt. % de adição de CNT, o CoF e a taxa de desgaste diminuem devido à formação de uma camada lubrificante sólida na interface tribo para o compósito Al/CNT sinterizado a 500 °C, o que é evidenciado através das imagens SEM.

> A análise da superfície desgastada confirma que o efeito da temperatura de

sinterização de 450 °C para 550 °C transformou o mecanismo de desgaste dos compósitos Al/CNT com SPS de adesão para abrasão, o que se deve ao efeito adverso dos grãos endurecidos.

> As respostas óptimas são obtidas para o compósito Al/CNT 1,2 wt. % à velocidade de moagem de 316 rpm, tempo de moagem de 480 minutos e temperatura de sinterização de 510 °C utilizando a técnica RSM. A comparação dos resultados teóricos e experimentais mostra um desvio inferior a 5 %, o que confirma a significância de 95 % dos modelos.

5.2 ÂMBITO DA INVESTIGAÇÃO FUTURA

Este trabalho pode ser alargado com o apoio de um reforço cerâmico, ou seja, um compósito híbrido de Al. Os compósitos Al/CNT têm uma vasta aplicação em ambiente criogénico. A avaliação poderia ser efectuada com base na aplicação e poderiam ser obtidos resultados em tempo real.

REFERÊNCIAS

1. Abdullahi, U, Maleque, M.A & Nirmal, U 2013, 'Wear mechanisms map of CNT-Al nano-composite', Procedia Engineering. Vol. 68, pp. 736-742.

2. Aborkin, A, Babin, D, Zalesnov, A, Prusov, E, Ob'edkov, A & Alymov, M 2020, 'Effect of ceramic coating on carbon nanotubes interaction with matrix material and mechanical properties of aluminum matrix nanocomposite', Ceramics International. Vol. 46, n.º 11, pp. 19256-19263.

3. Afkham, Y, Khosroshahi, R.A, Rahimpour, S, Aavani, C, Brabazon, D & Mousavian, R.T 2018, 'Propriedades mecânicas melhoradas de compósitos de matriz de alumínio in situ reforçados por nanopartículas de alumina', Archives of Civil and Mechanical Engineering. Vol. 18, n.º 1, pp. 215-226.

4. Akbarpour, M.R, Alipour, S & Najafi, M 2018, 'Caraterísticas tribológicas do alumínio nanoestruturado autolubrificante reforçado com CNTs de paredes múltiplas processado por metalurgia do pó de flocos e método de prensagem a quente', Diamond and Related Materials. Vol. 90, pp. 93-100.

5. Akbarpour, M.R & Salahi, E 2015, 'Microstructural Characterization and Consolidation of Severely Deformed Copper Powder Reinforced with Multiwalled Carbon Nanotubes', Ata Physica Polonica, A. Vol. 127, no. 6.

6. Akbarpour, M.R, Alipour, S & Najafi, M 2018, 'Caraterísticas tribológicas do alumínio nanoestruturado autolubrificante reforçado com CNTs de paredes múltiplas processado por metalurgia do pó de flocos e método de prensagem a quente', Diamond and Related Materials. Vol. 90, pp.93-100.

7. Alekseev, A.V, Yesikov, M.A, Strekalov, V.V, Mali, V.I, Khasin, A.A & Predtechensky, M.R 2020, 'Effect of single wall carbon nanotubes on strength properties of aluminum composite produced by spark plasma sintering and extrusion', Materials Science and Engineering: A. Vol. 793, pp. 139746.

8. Ambigai, R & Prabhu, S 2019, 'Análise experimental e ANOVA sobre o comportamento tribológico do micro e nanocompósito Al / B4C', Australian Journal of Mechanical Engineering. Vol. 17, no. 2, p. 53.

9. Anas, N.S, Krishna, L.R, Dash, R.K & Vijay, R 2020, 'Tribological Performance of Alloys Dispersed with Carbon Nanotubes or Ni- Coated Carbon Nanotubes Produced by Mechanical Milling and Extrusion', Journal of Materials Engineering and Performance.Vol. 29, no. 3, pp. 1630-1639.

10. Awotunde, M.A, Adegbenjo, A.O, Obadele, B.A, Okoro, M, Shongwe, B.M & Olubambi, P.A 2019, 'Influência dos métodos de sinterização nas propriedades mecânicas dos nanocompósitos de alumínio reforçados com compostos carbonados: A review', Journal of Materials Research and Technology. Vol. 8, no. 20, pp. 2432.

11. Babu, J.S.S, Lee, C.H & Kang, C.G 2020, 'Study of the mechanical and workability properties of extruded aluminium (Al6061) based composites reinforced with MWCNTs', Journal of Materials Research and Technology. Vol. 9, no. 3, pp. 5278-5292.

12. Bakshi, S.R, Keshri, A.K & Agarwal, A 2011, 'A comparison of mechanical and

wear properties of plasma sprayed carbon nanotube reinforced aluminum composites at nano and macro scale', Materials Science and Engineering: A. Vol. 528, no. 9, pp. 3375-3384.
13. Baradeswaran, A, Elayaperumal, A & Issac, R.F 2013, 'Uma análise estatística da otimização do comportamento de desgaste de compósitos Al-Al2O3 utilizando a técnica de Taguchi', Procedia Engineering. Vol. 64, p. 973.
14. Baradeswaran, A, Vettivel, S.C, Perumal, A.E, Selvakumar, N & Issac, R.F 2014, 'Investigação experimental sobre o comportamento mecânico, modelação e otimização dos parâmetros de desgaste de compósitos híbridos de alumínio reforçados com grafite e B4C', Materials & Design. Vol. 63, pp. 620-632.
15. Basariya, M.R, Srivastava, V.C & Mukhopadhyay, N.K 2014, 'Caraterísticas microestruturais e propriedades mecânicas de compósitos de liga de alumínio reforçados com nanotubos de carbono produzidos por moagem de bolas', Materials & Design. Vol. 64, pp.542-549.
16. Basavarajappa, S & Chandramohan, G 2005, 'Dry sliding wear behavior of hybrid metal matrix composites', Materials Science. Vol. 11, no. 3, pp. 253-257.
17. Bastwros, M.M, Esawi, A.M & Wifi, A 2013, 'Fricção e comportamento de desgaste de compósitos Al-CNT', Wear. Vol. 307, no. 1-2, p. 164.
18. Belenkov, E.A & Shabiev, F.K 2015, 'Scroll structure of carbon nanotubes obtained by the hydrothermal synthesis', Letters on Materials. Vol. 5, no. 4, pp. 459-462.
19. Bradbury, C.R, Gomon, J.K, Kollo, L, Kwon, H & Leparoux, M 2014, 'Hardness of multi wall carbon nanotubes reinforced aluminium matrix composites', Journal of Alloys and Compounds. Vol. 585, pp. 362-367.
20. Bunakov, N.A, Kozlov, D.V, Golovanov, V.N, Klimov, E.S, Grebchuk, E.E, Efimov, M.S & Kostishko, B.B 2016, 'Fabrication of multi-walled carbon nanotubes-aluminum matrix composite by powder metallurgy technique', Results in physics. Vol. 6, pp. 231232.
21. Canakci, A, Erdemir, F, Varol, T & Patir, A 2013, 'Determinar o efeito dos parâmetros do processo no tamanho das partículas na moagem mecânica usando o método Taguchi: medição e análise', Measurement. Vol. 46, no. 9, pp. 3532-3540.
22. Carvalho, O, Buciumeanu, M, Madeira, S, Soares, D, Silva, F.S & Miranda, G 2015, 'Dry sliding wear behaviour of AlSi-CNTs-SiCp hybrid composites', Tribology International. Vol. 90, pp. 148-156.
23. Chen, B, Kondoh, K & Li, J.S 2020, 'Observação in-situ da interação entre deslocações e nanotubos de carbono em alumínio a temperaturas elevadas', Materials Letters. Vol. 264, pp. 127323.
24. Chen, B, Zhou, X.Y, Zhang, B, Kondoh, K, Li, J.S & Qian, M 2020, Microestrutura, propriedades de tração e comportamentos de deformação de compósitos de matriz metálica de alumínio co-reforçados por nanotubos de carbono ex-situ e nanopartículas de alumina in-situ', Materials Science and Engineering: A. Vol. 795, pp. 139930.

25. Chen, M, Fan, G, Tan, Z, Xiong, D, Guo, Q, Su, Y, Zhang, J, Li, Z, Naito, M & Zhang, D 2018, 'Design de uma rota eficiente de metalurgia do pó em flocos para fabricar compósitos CNT/6061Al', Materials & Design. Vol. 142, pp. 288-296.
26. Chen, Y.S, Chen, T.J, Zhang, S.Q & Li, P.B 2015, 'Effect of ball milling on microstructural evolution during partial remelting of 6061 aluminum alloy prepared by cold-pressing of alloy powders', Transactions of Nonferrous Metals Society of China. Vol. 25, no.7, pp. 2113-2121.
27. Choi, H.J, Lee, S.M & Bae, D 2010, 'Caraterísticas de desgaste de compósitos à base de alumínio contendo nanotubos de carbono de paredes múltiplas', Wear. Vol. 270, no. 1-2, pp. 12-18.
28. Choi, H.J, Shin, J.H & Bae, D 2012, 'O efeito das condições de moagem nas microestruturas e propriedades mecânicas dos compósitos Al/MWCNT', Composites Part A: Applied Science and Manufacturing. Vol. 43, no. 7, pp. 1061-1072.
29. Deaquino-Lara, R, Soltani, N, Bahrami, A, Gutierrez-Castaneda, E, Garcia-Sanchez, E, Hernandez-Rodnguez, M.A.L, 2015, 'Tribological characterization of Al7075-graphite composites fabricated by mechanical alloying and hot extrusion', Materials & Design. Vol. 67, pp. 224-231
30. Deng, C.F, Wang, D.Z, Zhang, X.X & Li, A.B 2007, 'Processing and properties of carbon nanotubes reinforced aluminum composites', Materials Science and engineering: A. Vol. 444, no. 1-2, pp. 138-145.
31. Enginsoy, H.M, Gatamorta, F, Bayraktar, E, Robert, M.H, Miskioglu, I 2019, 'Estudo experimental e numérico de compósitos Al-Nb2Al através de procedimento associado de metalurgia do pó e thixoforming', Composites Part B: Engineering. Vol. 162, pp. 397-410.
32. Esawi, A.M.K, Morsi, K, Sayed, A, Taher, M & Lanka, S 2010, 'Effect of carbon nanotube (CNT) content on the mechanical properties of CNT-reinforced aluminium composites', Composites Science and Technology. Vol. 70, n.º 16, pp. 2237-2241.
33. Fang, B, Springborg, M, Zhao, N, Shi, C, He, C, Li, J & Liu, E 2015, 'Ligação química interfacial entre nanotubos de carbono e substrato de alumínio modulada por elementos de liga', Diamond and Related Materials. Vol. 59, pp. 1-6.
34. Ferreira, V, Egizabal, P, Popov, V, de Cortazar, M.G, Irazustabarrena, A, Lopez-Sabiron, A.M & Ferreira, G 2019, 'Componentes automóveis leves baseados em liga de alumínio reforçada com nanodiamantes: Uma avaliação técnica e ambiental", Diamond and Related Materials. Vol. 92, pp. 174-186.
35. Fogagnolo, J.B, Velasco, F, Robert, M.H & Torralba, J.M 2003, 'Effect of mechanical alloying on the morphology, microstructure and properties of aluminium matrix composite powders', Materials Science and Engineering: A. Vol. 342, no. 1-2, pp. 131-143.
36. François, R, Laurens, S & Deby, F 2018, 'Corrosion and Its Consequences for Reinforced Concrete Structures', Elsevier.
37. Gan, Y.X, Dong, J & Gan, J.B 2017, 'Rede de carbono/compósito de alumínio feito por metalurgia do pó e seu comportamento de corrosão na água do mar',

Materials Chemistry and Physics. Vol. 202, pp. 190-196.
38. Gangil, N, Siddiquee, A.N & Maheshwari, S 2017, 'Fabricação de compósitos in-situ à base de alumínio através do processamento de fricção por agitação: Uma revisão", Journal of Alloys and Compounds. Vol. 715, pp. 91-104.
39. George, R, Kashyap, K.T, Rahul, R & Yamdagni, S 2005, 'Strengthening in carbon nanotube/aluminium (CNT/Al) composites', Scripta Materialia. Vol. 53, n.º 10, pp. 1159-1163.
40. Gong, Q.M, Li, Z, Zhang, Z, Wu, B, Zhou, X, Huang, Q.Z & Liang, J 2006, 'Tribological properties of carbon nanotube-doped carbon/carbon composites. Tribology International', Vol. 39, no. 9, pp. 937-944.
41. Guo, B, Ni, S, Yi, J, Shen, R, Tang, Z, Du, Y & Song, M 2017, 'Microestruturas e propriedades mecânicas de compósitos de alumínio puro reforçados com nanotubos de carbono sintetizados por sinterização por plasma de faísca e laminação a quente', Ciência e Engenharia de Materiais: A. Vol. 698, pp. 282-288.
42. Herzallah, H, Elsayd, A, Shash, A & Adly, M 2020, 'Effect of carbon nanotubes (CNTs) and silicon carbide (SiC) on mechanical properties of pure Al manufactured by powder metallurgy', Journal of Materials Research and Technology. Vol. 9, n.º 2, pp. 1948-1954.
43. Hosseini, N, Karimzadeh, F, Abbasi, M.H & Enayati, M.H 2012, 'A comparative study on the wear properties of coarse-grained Al6061 alloy and nanostructured A16061-A12O3 composites', Tribology international. Vol. 54, pp. 58-67.
44. Hu, Z, Chen, F, Xu, J, Nian, Q, Lin, D, Chen, C & Zhang, M 2018, 'Nanocompósitos de grafeno-alumínio para impressão 3D', Journal of Alloys and Compounds. Vol. 746, pp. 269-276.
45. Huang, H, Fan, G, Tan, Z, Xiong, D.B, Guo, Q, Guo, C, Li, Z & Zhang, D 2017, 'Comportamento superplástico de compósitos de alumínio reforçados com nanotubos de carbono fabricados por metalurgia do pó de flocos', Ciência e Engenharia de Materiais: A. Vol. 699, pp. 55-61.
46. Hussain, M.Z, Khan, S & Sarmah, P 2019, 'Otimização dos parâmetros de processamento da metalurgia do pó do compósito Al2O3/Cu através do método Taguchi com análise relacional Grey', Journal of King Saud University-Engineering Sciences. No prelo.
47. Im, W.S, Cho, Y.S, Choi, G.S, Yu, F.C & Kim, D.J 2004, 'Stepped carbon nanotubes synthesized in anodic aluminum oxide templates', Diamond and related materials. Vol. 13, no. 4-8, pp. 1214-1217.
48. Jafari, M, Abbasi, M.H, Enayati, M.H & Karimzadeh, F 2012, 'Propriedades mecânicas do compósito nanoestruturado A12024-MWCNT preparado por métodos optimizados de moagem mecânica e prensagem a quente', Advanced Powder Technology. Vol. 23, no. 2, pp. 205-210.
49. Jagannatham, M, Chandran, P, Sankaran, S, Haridoss, P, Nayan, N & Bakshi, S.R 2020, 'Tensile properties of carbon nanotubes reinforced aluminum matrix composites: A review", Carbon. Vol. 160, pp. 1444.

50. John Iruthaya Raj, M, Manisekar, K & Gupta, M 2019, 'Central Composite Experimental Design Applied to the Dry Sliding Wear Behavior of Mg/Mica Composites', Journal of Tribology. Vol. 141, no. 1.
51. Kavimani, V, Prakash, K.S, Thankachan, T, Nagaraja, S, Jeevanantham, A.K & Jhon, J.P 2020, 'WEDM parameter optimization for silicon@ r-GO/magneisum composite using taguchi based GRA coupled PCA', Silicon, Vol. 12, no. 5, pp. 1161-1175.
52. Khajelakzay, M & Bakhshi, S.R 2017, 'Otimização dos parâmetros de sinterização por plasma de faísca do compósito Si3N4-SiC utilizando a metodologia de superfície de resposta (RSM)', Ceramics International. Vol. 43, n.º 9, pp. 6815-6821.
53. Kim, D, Park, K, Kim, K, Miyazaki, T, Joo, S, Hong, S & Kwon, H 2019, 'Materiais funcionalmente graduados de liga de alumínio reforçados com nanotubos de carbono fabricados por processo de extrusão de pó', 'Ciência e Engenharia de Materiais: A. Vol. 745, pp. 379-389.
54. Kubota, M 2019, "Propriedades mecânicas melhoradas do titânio puro com base em reacções de estado sólido durante uma combinação de moagem mecânica e processo de sinterização por plasma de faísca. Em Spark Plasma Sintering", pp. 153-162. Elsevier.
55. Kuforiji, C & Nganbe, M 2019, 'Fabrico de metalurgia do pó, caraterização e avaliação do desgaste de compósitos SS316L-Al2O3', Tribology International. Vol. 130, pp. 339-351.
56. Kumar, B.P & Birru, A.K 2017, 'Microestrutura e propriedades mecânicas de compósitos de matriz metálica de alumínio com adição de cinzas de folhas de bambu pelo método de fundição por agitação', Transactions of Nonferrous Metals Society of China. Vol. 27, no. 12, pp. 2555-2572.
57. Kumar, C.A.V & Rajadurai, J.S 2016, Influência do teor de rutilo (TiO2) nas caraterísticas de desgaste e microdureza de compósitos híbridos à base de alumínio sintetizados por metalurgia do pó', Transactions of Nonferrous Metals Society of China. Vol. 26, n.º 1, pp. 63-73.
58. Laurens, S & Deby, F 2018, 'Métodos Electroquímicos. Em Ensaios Não Destrutivos e Avaliação de Estruturas de Engenharia Civil", pp. 173-197, Elsevier.
59. Li, J, Zhou, J, Sun, Y, Feng, A, Meng, X, Huang, S & Sun, Y 2019, 'Estudo das propriedades mecânicas e da microestrutura da liga de alumínio 2024-T351 tratada por peening criogénico a laser', Optics & Laser Technology. Vol. 120, pp. 105670.
60. Liu, Z.Y, Zhao, K, Xiao, B.L, Wang, W.G & Ma, Z.Y 2016, 'Fabrication of CNT/Al composites with low damage to CNTs by a novel solution-assisted wet mixing combined with powder metallurgy processing', Materials & Design. Vol. 97, pp. 424-430.
61. Liu, Z.Y, Xu, S.J, Xiao, B.L, Xue, P, Wang, W.G & Ma, Z.Y 2012, 'Effect of ball-milling time on mechanical properties of carbon nanotubes reinforced aluminum matrix composites', Composites Part A: Applied Science and Manufacturing. Vol. 43, no. 12, pp. 21612168.

62. Liu, Z.Y, Zhao, K, Xiao, B.L, Wang, W.G & Ma, Z.Y 2016, Fabrication of CNT/Al composites with low damage to CNTs by a novel solution-assisted wet mixing combined with powder metallurgy processing', Materials & Design. Vol. 97, pp. 424-430.
63. Ma, K, Liu, Z.Y, Bi, S, Zhang, X.X, Xiao, B.L & Ma, Z.Y, 'Microstructure evolution and hot deformation behavior of carbon nanotube reinforced 2009Al composite with bimodal grain structure', Journal of Materials Science & Technology. Vol. 70, pp. 73-82.
64. Ma, K, Liu, Z.Y, Liu, B.S, Xiao, B.L & Ma, Z.Y 2020, 'Improving ductility of bimodal carbon nanotube/2009Al composites by optimizing coarse grain microstructure via hot extrusion', Composites Part A: Applied Science and Manufacturing. Vol. 106198.
65. Ma, K, Liu, Z.Y, Zhang, X.X, Xiao, B.L & Ma, Z.Y 2020, 'Comportamento de deformação a quente e evolução da microestrutura do compósito de nanotubos de carbono/7055Al', Journal of Alloys and Compounds. Vol. 854, pp. 157275.
66. Ma, Y, Yang, X, He, C, Yang, K, Xu, J, Sha, J, Shi, C, Li, J & Zhao, N 2018, 'Fabrication of in-situ grown carbon nanotubes reinforced aluminum alloy matrix composite foams based on powder metallurgy method', Materials Letters. Vol. 233, pp. 351-354.
67. Martinez, R, Guillot, I & Massinon, D 2019, 'Novo tratamento térmico para melhorar as propriedades mecânicas da liga de fundição primária de alumínio com baixo teor de cobre', Ciência e Engenharia de Materiais: A. Vol. 755, pp. 158-165.
68. Moghadam, A.D, Omrani, E, Menezes, P.L & Rohatgi, P.K 2015, Mechanical and tribological properties of self-lubricating metal matrix nanocomposites reinforced by carbon nanotubes (CNTs) and graphene-a review', Composites Part B: Engineering. Vol. 77, pp. 402-420.
69. Mokdad, F, Chen, D.L, Liu, Z.Y, Xiao, B.L, Ni, D.R & Ma, Z.Y 2016, 'Deformação e mecanismos de reforço de um compósito de alumínio reforçado com nanotubos de carbono', Carbon. Vol. 104, pp. 64-77.
70. Nassar, A.E & Nassar, E.E 2017, 'Properties of aluminum matrix Nano composites prepared by powder metallurgy processing', Journal of king saud university-Engineering sciences. Vol. 29, no. 3, pp. 295-299.
71. Nemati, N, Emamy, M, Penkov, O.V, Kim, J & Kim, D.E 2016, 'Propriedades mecânicas e de desgaste a alta temperatura do compósito extrudido de Al reforçado com nanopartículas de Al13Fe4 CMA', Materials & Design. Vol. 90, pp. 532-544.
72. Neves, F, Fernandes, F.B, Martins, I & Correia, J.B 2011, 'Parametric optimization of Ti-Ni powder mixtures produced by mechanical alloying', Journal of Alloys and Compounds. Vol. 509, pp. S271- S274.
73. Nie, C, Wang, H & He, J 2020, "Avaliação do efeito da adição de nanotubos de carbono nas propriedades mecânicas efectivas de compósitos de matriz de alumínio com partículas de cerâmica", Mechanics of Materials. Vol. 142, pp. 103276.
74. Nyanor, P, Bahador, A, El-Kady, O.A, Umeda, J, Kondoh, K & Hassan, M.A

2020, 'Improved ductility of spark plasma sintered aluminium-carbon nanotube composite through the addition of titanium carbide microparticles', Materials Science and Engineering: A. Vol. 795, pp. 139959.
75. Omidi, M, Khodabandeh, A, Nategh, S & Khakbiz, M 2017, 'Mapas de mecanismos de desgaste de nanocompósitos Al6061 reforçados com CNT tratados por criomilling e fresagem mecânica', Tribology International. Vol. 110, pp. 151-160.
76. Panwar, N & Chauhan, A 2018, 'Fabrication methods of particulate reinforced Aluminium metal matrix composite-A review', Materials Today: Proceedings. Vol. 5, no. 2, pp. 5933-5939.
77. Peng, T & Chang, I 2014, 'Mechanical alloying of multi-walled carbon nanotubes reinforced aluminum composite powder', Powder technology. Vol. 266, pp. 7-15.
78. Phuong, D.D, Van Trinh, P, Van An, N, Van Luan, N, Minh, P.N, Khisamov, R.K & Nazarov, A.A 2014, 'Efeitos do conteúdo de nanotubos de carbono e da temperatura de recozimento na dureza de nanocompósitos de alumínio reforçados com CNT processados pela técnica de torção de alta pressão', Journal of Alloys and Compounds. Vol. 613, pp. 68-73.
79. Popoola, P, Popoola, O, Aigbodion, V & Oladijo, P 2020, 'Melhorando as propriedades tribológicas e térmicas da liga de Al usando CNTs e nanopó de Nb via SPS para condutor de transmissão de energia', Transactions of Nonferrous Metals Society of China. Vol. 30, n.º 2, pp. 333-343.
80. Popov, V.A, Shelekhov, E.V, Prosviryakov, A.S, Presniakov, M.Y, Senatulin, B.R, Kotov, A.D & Khodos, I.I 2017, 'Aplicação de nanodiamantes para a síntese in situ de nanopartículas de reforço de TiC dentro da matriz de alumínio durante a liga mecânica', Diamond and Related Materials. Vol. 75, pp. 6-11.
81. Prabhu, M.S, Perumal, A.E, Arulvel, S & Issac, R.F 2019, Friction and wear measurements of friction stir processed aluminium alloy 6082/CaCO3 composite", Measurement. Vol. 142, pp. 10-20.
82. Prasad, D.S & Shoba, C 2014, 'Hybrid composites-a better choice for high wear resistant materials', Journal of Materials Research and Technology. Vol. 3, no. 2, pp. 172-178.
83. Radhamani, A.V, Lau, H.C, Kamaraj, M & Ramakrishna, S 2020, 'Structural, mechanical and tribological investigations of CNT-316 stainless steel nanocomposites processed via spark plasma sintering', Tribology International. Vol. 152, pp. 106524.
84. Rengifo, S, Zhang, C, Harimkar, S, Boesl, B & Agarwal, A 2017, 'Comportamento tribológico de compósitos de alumínio-grafeno sinterizados por plasma de faísca à temperatura ambiente', Tecnologias. Vol. 5, no. 1, pp. 4.
85. Roik, T.A, Gavrysh, O.A & Vitsiuk, I.I 2020, 'Composite Antifriction Material Based on Wastes of Aluminum Alloy for Items of PostPrinting Equipment', Powder Metallurgy and Metal Ceramics. Vol. 59, no. 5, pp. 282-289.
86. Ropital, F 2011, 'Environmental degradation in hydrocarbon fuel processing plant: issues and mitigation', In Advances in Clean Hydrocarbon Fuel Processing. pp. 437-462, Woodhead Publishing.

87. Saravanan, I, Perumal, A.E, Issac, R.F, Vettivel, S.C & Devaraju, A 2016. Otimização dos parâmetros de desgaste e dos seus efeitos relativos na superfície revestida com TiN contra a liga Ti6Al4V', Materials & Design. Vol. 92, pp. 23-35.
88. Saravanan, I, Perumal, A.E & Balasubramanian, V 2016, 'A study of frictional wear behavior of Ti6Al4V and UHMWPE hybrid composite on TiN surface for bio-medical applications', Tribology International. Vol. 98, pp. 179-189.
89. Say, Y, Guler, O & Dikici, B 2020, 'Compósitos de matriz de magnésio reforçados com nanotubos de carbono (CNT): O efeito do rácio CNT nas suas propriedades mecânicas e resistência à corrosão", Materials Science and Engineering: A. Vol. 798, pp. 139636.
90. Shi, Y, Ni, Z, Lu, Y, Zhao, L, Zou, J & Guo, Q 2020, 'Propriedades interfaciais e seu impacto no comportamento de tração do compósito de alumínio-nanotubo de carbono de parede única nanolaminado', Materialia. Vol. 12, pp. 100797.
91. Shi, Y, Zhao, L, Li, Z, Li, Z, Xiong, D.B, Su, Y & Guo, Q 2019, 'Strengthening and deformation mechanisms in nanolaminated single-walled carbon nanotube-aluminum composites', Materials Science and Engineering: A. pp. 138273.
92. Sikder, P, Sarkar, S, Biswas, K.G, Das, S, Basu, S & Das, P.K 2016, 'Improved densification and mechanical properties of spark plasma sintered carbon nanotube reinforced alumina ceramics', Materials Chemistry and Physics. Vol. 170, pp. 99-107.
93. Singh, L.K, Bhadauria, A, Oraon, A & Laha, T 2019, 'Nanocompósito Al-0,5 wt% MWCNT sinterizado por plasma de faísca: Efeito da pressão de sinterização no comportamento de densificação e propriedades mecânicas em várias escalas', Diamond and Related Materials. Vol. 91, pp. 144-155.
94. Sochacka, P, Miklaszewski, A & Jurczyk, M 2019, 'Desenvolvimento de ligas de Ti-x a. % Mo ligas por liga mecânica e metalurgia do pó: Evolução de fase e propriedades mecânicas (10< x< 35)', Journal of Alloys and Compounds. Vol. 776, pp. 370-378.
95. Soni, P.R 2000, 'Mechanical alloying: fundamentals and applications', Cambridge Int Science Publishing.
96. Srivyas, P.D & Charoo, M.S 2020, 'Friction and wear characterization of Spark Plasma Sintered Hybrid Aluminum Composite under Different Sliding Conditions', Journal of Tribology, Vol. 1, no.1, pp. 1-29.
97. Sweet, G.A, Hexemer Jr, R.L, Donaldson, I.W, Taylor, A & Bishop, D.P 2019, 'Processamento metalúrgico em pó de uma liga metálica de metalurgia do pó de alumínio da série 2xxx reforçada com adições de partículas de AlN', Materials Science and Engineering: A., Vol. 755, no.1, pp. 10-17.
98. Tan, H, Jiang, L.Y, Huang, Y, Liu, B & Hwang, K.C 2007, 'The effect of van der Waals-based interface cohesive law on carbon nanotube- reinforced composite materials', Composites Science and Technology. Vol. 67, no. 14, pp. 2941-2946.
99. Thomas, S, Tom, P & Umasankar, V 2020, 'Efeito da concentração de MWCNT nas microestruturas, propriedades mecânicas e comportamento de sinterização de compósitos AA2219-MWCNT sinterizados por plasma de faísca', Materials Today:

Proceedings. Vol. 22, pp. 1424-1432.
100. Ujah, C.O, Popoola, A.P.I, Popoola, O.M & Aigbodion, V.S 2019, 'Otimização dos parâmetros de sinterização por plasma de faísca do nanocompósito Al-CNTs-Nb usando o Projeto de Experimento Taguchi', Inter. J. of Adv. Manuf. Tech. Vol. 100, no. 5, pp. 1563-1573.
101. Wu, Y, Zhan, K, Yang, Z, Sun, W, Zhao, B, Yan, Y & Yang, J 2019, 'Compósitos de óxido de grafeno/Al com propriedades mecânicas melhoradas fabricados por interação eletrostática simples e metalurgia do pó', Journal of Alloys and Compounds. Vol. 775, pp. 233-240.
102. Xavior, M.A, Kumar, H.P & Kumar, K.A 2018, 'Estudos tribológicos em nanocompósitos AA2024-Graphene/CNT processados por Metalurgia do Pó', Materials Today: Proceedings, Vol. 5, no. 2, p. 6588.
103. Yadav, B.N, Verma, G, Muchhala, D, Kumar, R & Mondal, D.P 2018, 'Effect of MWCNTs addition on the wear and compressive deformation behavior of LM13-SiC-MWCNTs hybrid composites', Tribology International, Vol. 128, pp. 21-33.
104. Yuan, L, Han, J, Liu, J & Jiang, Z 2016, 'Propriedades mecânicas e comportamento tribológico de compósitos de matriz de alumínio reforçados com partículas AlB2 in-situ', Tribology International. Vol. 98, no. 1, p. 41.
105. Zhai, W, Srikanth, N, Kong, L.B & Zhou, K 2017, 'Nanomateriais de carbono em tribologia', Carbon. Vol. 119, No. 1, pp. 150-171.
106. Zhang, X, Hou, X, Pan, D, Pan, B, Liu, L, Chen, B & Li, S 2020, 'Designable interfacial structure and its influence on interface reaction and performance of MWCNTs reinforced aluminum matrix composites', Materials Science and Engineering: A. Vol. 793, No. 1, p. 13978.
107.

Printed by Books on Demand GmbH, Norderstedt / Germany